每天都想吃的

午后咸甜点

72

款

U0293220

洪绣峦

著

河南科学技术出版社

· 郑州 ·

Contents
目录

9 **CHAPTER 1**

咸点

97 **CHAPTER 2**

甜点

本书食材单位说明
- 1 杯 = 240 毫升 = 16 大匙
- 1 茶匙 = 5 毫升
- 1 大匙 =15 毫升

前言1
维多利亚的下午茶风情

想象全盛的英国维多利亚女王（1837—1901）时期，文化艺术气息充满上流社会，人们醉心于歌舞升平的赞颂，享受精致的生活。于是，热爱茶品的英国人，在慵懒的下午时段，在贝德芙公爵夫人安娜·玛丽亚（Anna Maria）女士的倡导下开始了下午茶的社交生活。

当时，正式的晚宴聚会多在晚8时以后开始，人们必须穿着正式礼服，遵守繁文缛节。安娜·玛丽亚女士在等待晚宴的漫长下午总是百无聊赖，肚子又有点饿了，于是她吩咐女仆在起居室中准备几片小小的烤面包、果酱、奶油及精选的红茶，她满意极了，心想：何不邀好友来同享乐趣呢！

渐渐地，她的起居室下午茶会声名大噪，名媛淑女纷纷仿效，在当时的贵族社交圈形成优雅自在的下午茶文化。

下午茶会由最早的贵族家中以高级茶具、茶点招待好友，演变成欢聚一堂、较为盛大的社交茶会，到后来宫廷中也举办正式的下午茶会。如今，英国白金汉宫，每年仍举办正式的下午茶会，男士们需穿传统的燕尾服、头戴高帽、手持雨伞赴会，女士们则身着日间洋装，帽子则是必备的装扮。

维多利亚时期的下午茶传统惯例是，家中的下午茶会必须在最好的房间举行，取出最好的瓷器（如骨瓷）以及上等的茶品（如大吉岭、伯爵茶等）、精致的点心，播放悠扬的古典音乐，放松心情，让知心好友们共度优雅闲适的欢乐时光。

为了维持礼数、让宾主尽欢，正统下午茶的配备也有其考究之处。

- **瓷器茶壶及杯具组**：茶以四人壶或六人壶冲泡均可，视人数而定，最好是高级瓷器或顶级骨瓷；杯具组必须为成套的红茶杯，不可以用其他杯子代替。

- **滤匙及放置过滤器的小碟**：过滤茶渣用，以免客人喝了碎茶片。
- **糖罐及小匙**：喝奶茶时还得加点儿糖。
- **奶盅小瓶**：装牛奶用，牛奶要加热过。
- **三层点心盘**：这是标准配备，最底层放长条式三明治，第二层是英式传统点心司康饼（Scone），第三层放小蛋糕及水果挞。吃时需由下往上吃，吃司康饼时先涂果酱，再上奶油，吃完一口，再涂下一口。
- **茶匙**：放置于杯子的底盘上，与杯子成 45° 角。
- **7 英寸（约 18 厘米）点心盘**：每位宾客一个盘，让个人放置取用的点心。
- **茶刀**：供涂奶油及果酱用。
- **蛋糕叉**：每位宾客备一副。
- **放茶渣的小碗**：个人滤出的茶渣可倒于此。
- **餐巾**：大部分为白色，有些在角落绣花，极为细致精美。
- **鲜花**：摆饰桌子用。
- **保温罩**：有些茶点可先罩着慢慢取用。
- **托盘**：端茶品用，以前以木制的居多，选具古典气息者。
- **蕾丝手工刺绣桌巾或托盘垫**：象征维多利亚时期贵族生活的重要饰物，是英式下午茶的重要配备。
- **古典音乐**：钢琴曲、奏鸣曲，很少用交响乐，因它有点太重了。

在维多利亚时期，茶品几乎全部仰赖中国进口，十分珍贵，拥有顶级茶叶被视为财富的象征，甚至为了防止茶叶被偷，茶柜还上了锁，没有主人的命令是不准开的，每当下午茶会时，才由女仆取钥匙开柜取茶。

极品之茶首推号称"红茶中的香槟"的大吉岭，伯爵茶也是贵妇的最爱，还有火药绿茶及锡兰红茶。当时都以纯味红茶宴客，若喝奶茶时，则需先加奶，再冲入红茶。

下午茶文化经过 100 多年在世界各地传播，人们爱上了这种悠闲的午后生活，跳出了制式的框架，展现活泼和自由。它成了精神的发抒，成了生活的调适，每天都可以无拘无束地喝小茶、吃小点，何其自在，这才是享受生活啊！

洪绣恋

前言 2
世界风味的下午茶

多年前由加拿大温哥华搭船到外海的维多利亚岛（Victoria）拜访小阿姨，她给我的接风礼就是最著名的女王酒店（Empress Hotel）的下午茶。

既然位于维多利亚岛，当然得端出最具传统历史意义的维多利亚下午茶。当工作人员轻声细语、微笑轻柔地为我们倒下第一杯茶之际，我与阿姨相视而笑，大吉岭的香味冉冉而上，这真是优雅。搭配司康饼的果酱是自制的覆盆子酱，美味极了。那淡淡的小黄瓜三明治，在口中轻送出小小的脆响，够满足了。晚餐姨丈订了意大利餐厅，为了保留空胃，我们请工作人员帮忙打包，她们将点心一一整齐装入纸盒，还附上小盒的果酱及奶油，笑盈盈地行礼致意："希望很快再看到你们回来喔！"

到了巴黎，除了香榭丽舍大街的咖啡店之外，如果没到 160 年的老铺 Mariage 喝个下午茶，也是一大遗憾。Mariage 从 1854 年即开始经营茶叶生意，在巴黎左岸的茶庄提供下午茶。翌日午后，我与友人 Susan 翩然而至，他们的伯爵茶真是极品，以银壶泡茶，别具古典风情。此茶庄以茶为主，配茶的饼干小点只有三小片，每人要价 14 欧元，真是顶级下午茶。

如果你到了香港，不一定要住进半岛酒店，但半岛酒店的下午茶是绝对不能错过的。他们的玫瑰果酱简直是美味至极，带一罐回家你还真舍不得天天吃呢！

下午茶风尚正在流行，每个国家、城市、大小酒店及餐厅无不竭尽所能，推出最有代表意义的下午茶及精致点心，喝茶的时间也由维多利亚时期的下午 4 时到 5 时半，提前到下午 2 时半开始，以便有足够的时间聊八卦。

中国人也有喝下午茶的习惯，却是配合茶楼的点心。港澳地区承袭广东人的习惯，大部分茶楼及餐厅将下午 2 时到 6 时左右定为下午茶时间，供应较平民化的茶餐、点心。此外，港澳地区部分写字楼里的人们及从事建筑业、装修业的人们，有所谓的"三点三"（下午 3 时 15 分）喝下午茶的习惯。广东地区的餐厅甚至有各种时段的饮茶时间，从早茶、午茶、下午茶、晚茶到夜宵茶，足足有五次茶，这里的人们堪称世界上最爱茶的人群了。

而新西兰的饮茶时间（Tea Time）都是在早上，而非下午，他们称为早茶时间（Morning Tea Time）。

至于下午茶的茶点，由摆满三明治，甜、咸小点，水果挞，饼干等的传统三层盘，演变到简单的沙拉、小吃，只要在下午时段，无论配茶配咖啡，都统称下午茶。

台湾人把下午茶发扬成自助餐点，简直是饱食一大顿的大餐，甚至还有担仔面，已失去下午茶的安静悠闲氛围。

我倒喜欢台北中山北路一家五星级饭店推出的日式下午茶，以日式木质便当盒三层放置，含有小菜、甜品、咸的寿司及水果等，保留了精致下午茶的风味。

无论你是飞往欧洲，或是在巴厘岛度假，都别忘了让下午茶为你的旅程添点趣味吧！

洪绣峦

CHAPTER 1
咸点

　　在24道咸点中，我选用各种现成的中、西式饼皮，大、小馄饨皮，吐司面包等，变化出无数小点心。为了迅速方便，甚至白煮蛋都免了，到便利商店买了现成茶叶蛋代替，就做成了一道美食。此外，中西混搭的美味，以寒天制作的酱料，都会让你兴奋不已。

墨西哥辣味
蔬菜奶酪脆饼

　　少了辣味就少了墨西哥风情，所以，这款脆饼的特色是辣、微辣、小辣、中辣、大辣皆可，就是不能缺少辣味，喜欢吃辣的朋友可以把辣椒子也加进去，保准吃得眼泪都掉下来。同时，吃点辣可以燃烧脂肪，有减肥的效果。

　　我曾经在重庆讲课一个星期，与学生天天吃香喝辣又尝麻辣火锅，回来以为体重会暴增，结果还减了1千克。但是如果你同时又吃好多肥油，我可不敢保证。

　　这份脆饼完全无油煎，加上好多种蔬菜，把一餐的蔬菜量都吃够了，真是健康无比。但饼皮一定要煎得够黄、够脆，而且切开马上趁热吃。好幸福呢！☺

食材 *Material*

1. 墨西哥饼皮2片
2. 洋葱丝1大匙
3. 包心生菜丝1大匙
4. 小豆苗1大匙
5. 苜蓿芽1大匙
6. 红椒丝1/2大匙
7. 双色奶酪丝3大匙
8. 美奶滋1大匙
9. 苹果片3片（薄片）
10. 海盐
11. 黑胡椒粉

1 将两片墨西哥饼皮依次放入平底锅，两面稍煎一下（不必加油），一面约 30 秒，不必煎到焦黄，起锅放置在砧板上。

3 依序放上洋葱丝、生菜丝、红椒丝、小豆苗、苜蓿芽及苹果片，再均匀撒上 1$\frac{1}{2}$ 大匙奶酪丝。

2 将一片饼皮平铺，上面均匀撒上 1$\frac{1}{2}$ 大匙奶酪丝（或奶酪粉）。

4 撒上海盐和黑胡椒粉。

⑤ 将美奶滋挤在最上面。

⑦ 用平底锅无油加热，将蔬菜饼放上去煎约1分钟至饼皮呈金黄色。

⑧ 将饼翻面再煎1分钟至饼皮稍焦脆，取出在砧板上切成4块盛盘，加上美奶滋，不加亦可。

⑥ 将另一片饼皮覆盖上去，稍用力压紧。

咸点
02

红枣枸杞明目粥

枸杞明目，红枣补气，葡萄干开胃，加上什锦果麦、米饭，富含各种维生素，营养充足。

很多人以为吃米饭易胖，其实，这碗明目粥若当成下午茶点心，绝对可以让你饱足而免去晚餐，这是瘦身的良方。

食材 *Material*

1. 煮熟的白米饭 1 碗
2. 红枣 8 颗
3. 枸杞 1 大匙
4. 葡萄干 1/2 大匙
5. 什锦果麦 1 大匙
6. 海盐 1/4 茶匙

❶ 上班族可将 3 天至 1 周的饭量煮好，用保鲜袋一餐一餐分装，置入冷冻室。前一日放到冷藏室，次日即可使用，蒸或煮稀饭，并不损风味。

❷ 葡萄干不宜久煮，置入煮好的粥即可熄火调味。

❸ 果麦要吃脆脆的感觉，上桌前添加为宜。

将红枣、枸杞稍洗，在温水中泡 5 分钟，连同水放入锅中一起煮。

1 将煮熟的白米饭 1 碗加 $2\frac{1}{2}$ 碗开水均匀泡开，置炉上以中火烧。

3 粥滚后改小火再煮至稠状。

4 熄火加入葡萄干。

5 调味，加海盐1/4茶匙。

6 起锅装碗，撒上什锦果麦。

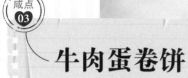

牛肉蛋卷饼

全麦饼皮十分方便好用，因为它本身在制作时即含少量油脂，所以此卷饼亦为不加油干煎，以免吃下太多油。

唯一加油的是煎蛋皮，亦只用一小匙油足矣！卤牛肉买现成的，切成薄片，加上紫菜肉松、白芝麻酱，有点咸又不太咸，饼皮与肉松的微脆，加上芝麻香，令人眉开眼笑。

食材 *Material*

1. 全麦饼皮 2 片
2. 卤牛肉 8 片
3. 紫菜肉松 2 大匙
4. 白芝麻酱 2 大匙
5. 鸡蛋 2 个
6. 海盐 1/2 茶匙
7. 香菜 2 株

1 在平底锅内将全麦饼皮煎至两面金黄，取出。

将 1 个鸡蛋打散，加 1/4 茶匙海盐，放入平底锅煎一下。

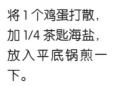

3 趁上面未凝固前平铺上一片饼皮，压一下，饼皮翻面变成蛋皮在上面。

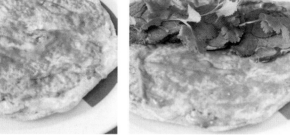

将4片卤牛肉平铺
上去，加紫菜肉松、
香菜。

④ 涂上白芝麻酱。

⑦ 封口向下斜切两刀成3段。另一
片饼皮同样做法。装盘时可佐以香
菜。

⑥ 将饼取出置砧板上卷成圆筒状。

贴心
小叮咛

❶ 煎蛋皮时最好用小平底锅摇动成薄圆形，不可太厚。

❷ 卤牛肉片切成厚约0.2厘米的薄片较好，卷起饼皮，要卷得紧实。

❸ 白芝麻酱亦可以用花生酱或甜面酱代替，若想加点绿色可加小黄瓜片。

茶叶蛋芥末面包合子

这道面包合子极具趣味性，卖相绝佳，堪称色、香、味俱全。

买现成茶叶蛋，一方面它有点咸味，另一方面少去了煮蛋的麻烦。

加入一点芥末，配上小黄瓜丁的脆感，美味极了；又有胡萝卜和毛豆的红绿配，从中间切开时，你会看到美丽的内馅切面。若是给小朋友吃，可多加一小匙美奶滋而免去芥末。

由于吐司面包表面经过烘烤，咬下去香酥无比，美味健康又满足。

食材 *Material*

1. 吐司 4 片
2. 茶叶蛋 1 个
3. 小黄瓜 1/2 根
4. 煮熟的胡萝卜 1/2 根
5. 煮熟的毛豆 1/2 大匙
6. 现成煮熟的马铃薯泥 2 大匙
7. 美奶滋 2 大匙
8. 芥末 1 茶匙
9. 海盐 $1\frac{1}{4}$ 茶匙
10. 鸡蛋 1 个

① 将小黄瓜洗净切小丁，拌入1茶匙海盐腌10分钟。用冷开水冲，沥干水分。

② 将茶叶蛋、胡萝卜切丁，加入马铃薯泥、小黄瓜丁、毛豆、美奶滋及芥末混合拌匀，加入1/4茶匙海盐做成内馅。

③ 将一片吐司平放，中间放上1大匙内馅后，盖上另一片吐司。

④ 用小碗扣压塑成圆合子。

⑤ 用小刀尖切除四周硬皮即成形。

6 将鸡蛋打散成蛋液，用刷子蘸蛋液刷在面包合子的圆顶上方，刷两次。

7 烤箱200℃预热5分钟，将面包合子置入烤10分钟，直至外皮呈金黄色即成。将面包合子切成两半装盘，上饰美奶滋及芥末。

❶ 造型的小碗盖下去要比吐司面包周边小0.5厘米以上。因为内馅有厚度，免得压下去露了馅。

❷ 刷在上层的蛋液可用全蛋打散，但若要呈现金黄色则以纯蛋黄液刷。

❸ 烤箱烤时注意一下表面，因各烤箱情况不同，先以较短时间试试，免得烤焦。

蔬菜培根煎饼

这份平民蔬菜煎饼加了太白粉，更有弹性。

培根的咸味及油脂，融合了洋葱的甜，加上卷心菜的脆，口感极佳，而且 3 分钟即可上桌，随时解馋充饥。

喜欢重点口味的可再撒上黑胡椒粉或配辣椒酱。

食材 *Material*

1. 面粉1/2杯（60克）
2. 太白粉 2 大匙
3. 洋葱 1/4 个
4. 卷心菜叶 4 片
5. 培根 2 长片（或50克）
6. 胡萝卜 1/4 根
7. 意大利香料 2 茶匙
8. 海盐适量
9. 植物油 $2\frac{1}{2}$ 大匙
10. 欧芹适量

将面粉、太白粉放入大碗中，边加入冷水边搅拌，分多次拌成稍稠的面糊。

卷心菜、洋葱、胡萝卜切细丝拌匀。

加入切成约1厘米见方的小片培根。

❶ 面糊中加入 1/4 茶匙油，煎起来边缘会有点脆脆的。

❷ 不要煎太久，以免蔬菜丝失去脆感。

❸ 亦可以用平底锅做成一大片，但翻面时需翻至另一个平底锅。

拌入海盐及意大利香料，再加入 1/2 大匙植物油拌匀。 ④

⑤ 在平底锅中注入 2 大匙油烧热，舀起 1 大匙面糊入锅，一片一片煎至表面呈金黄色，再翻面煎熟。

⑥ 起锅装盘，饰以欧芹即成。

水果意大利面

这是中西合璧的意大利面。人称奶酪为西洋的臭豆腐，我将中国的豆腐乳与奶酪粉调入意大利面中，别有一番风味。

此外，这份面食吸足了柳橙汁，加上金橘丁的香味，美极了。

烤过的上层柳橙片是人间美味，皮香肉甜，一口橘汁面，一口柳橙，加上有点焦黄的奶酪丝，人间幸福莫过于此。

食材 *Material*

1. 细意大利面1把（约100克）
2. 柳橙 3 个
3. 小金橘 5 个
4. 奶酪细丝 4 大匙
5. 奶酪粉 1 大匙
6. 豆腐乳 1 大匙
7. 橄榄油 1 大匙
8. 麻油 1 大匙
9. 海盐 1/2 茶匙

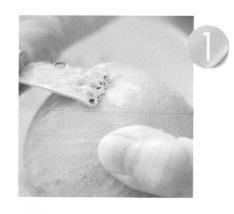

① 将 2 个柳橙刮皮成细丝，榨成柳橙汁。

② 将小金橘切成
细丁，去子。

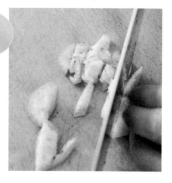

③ 将意大利面放入滚水中煮熟，捞出。

④ 趁热将橄榄
油、麻油倒入
面中拌匀。

贴心
小叮咛

❶ 柳橙切薄片烤后颜
色更美。
❷ 柳橙皮丝极营养美
味，建议多用。
❸ 小金橘切丁混入面
中，亦可切半放在面上
层烤。

⑤ 将奶酪粉与豆
腐乳、海盐均
匀拌入面中。

将另一个柳橙横切
薄片成圆轮状。

⑥ 加入柳橙汁及金橘
丁拌匀。

⑧ 将面加2大匙煮面水拌匀，放入烤
碗中，上铺柳橙片、柳橙皮丝。

⑨ 撒上奶酪丝。

⑩ 将烤箱以200～220℃预热10分
钟，将面置入烤10分钟即成，
取出饰以欧芹。

丝瓜皮奶酪煎饼

丝瓜最多的营养藏在硬外皮底下的浅绿色内皮中，一般料理中将它削去，十分可惜。

此道保留丝瓜营养的奶酪煎饼，只刮去最硬外皮，取精华部位，做成香脆美味的煎饼。丝瓜内瓤可另外煮成丝瓜汤。

没吃过的人一定得尝尝丝瓜绿皮，才知道它有多清脆，融合奶酪及樱花虾的香气，真是恰如其分，各显神通。

食材 *Material*

1. 丝瓜 1 根
2. 樱花虾 1 大匙
3. 奶酪丝 3 大匙
4. 面粉 3 大匙
5. 麻油 1/2 大匙
6. 海盐适量
7. 黑胡椒粉 1 茶匙
8. 橄榄油 1 茶匙
9. 水适量

将丝瓜用刀刃刮去深绿色的最外层表皮，不可以削，需保留第二层浅绿色的内皮。

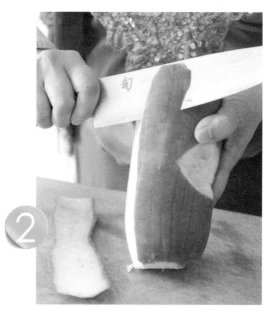

将浅绿色的内皮用刀削成大片的厚皮（约0.5厘米厚）。

将丝瓜皮切成长条，不要太细，0.2～0.3厘米宽即可。

将丝瓜皮条置于冷水中（水中加1茶匙海盐）泡一下，以保持翠绿。

6 最后加入樱花虾拌匀。

5 取出丝瓜皮条沥干，放入大碗中，加入面粉、奶酪丝、麻油、海盐、黑胡椒粉等材料，加1大匙水调匀。

7

在平底锅中加油烧热，1大匙1大匙地放入丝瓜面糊，稍摊平，两面煎成金黄色。起锅装盘，撒上黑胡椒粉，完成。

贴心
小叮咛

❶ 丝瓜外皮一定要用刀刃刮除，再用刀削厚皮，不可直接用刀削皮，否则无法取足够厚度的内皮。

❷ 丝瓜皮切条不要太细，才有清脆感。

❸ 樱花虾增加色、香、味，但素食者可不加，同样可口。

鲷鱼柠檬盅

这是一道几乎无热量的精致小点。

生鱼片级的鲷鱼搭上柠檬寒天与山葵酱，真是绝配，加上一小滴酱油，融于舌尖的山葵酱，刺激着味蕾。

海带芽、小番茄与柠檬寒天，微甜、清酸与海味，色味齐发，尤其在黄色柠檬盅的衬托之下，更显美味。

食材 *Material*

A. 柠檬寒天

1. 柠檬汁 2 大匙
2. 寒天粉 2 茶匙
3. 水 2 杯
4. 白砂糖 2 大匙

B. 鲷鱼柠檬盅

1. 柠檬 2 个
2. 鲷鱼（生鱼片，切薄片）约 100 克
3. 海带芽 1 大匙
4. 小番茄 2 个
5. 山葵酱 1 茶匙
6. 酱油少许

① 在不锈钢盆中加入柠檬寒天的所有材料，开火用木匙搅拌均匀直到煮沸，转小火煮 3 分钟，停止搅拌，离火。

柠檬
寒天

② 全部倒入耐热容器或密封盒中，待凉后放入冰箱冷藏凝固，可保存1周左右。

鲷鱼
柠檬盅

① 柠檬纵切成两瓣，将果肉挖出来，榨成柠檬汁供制作柠檬寒天之用，果皮作为盛装器皿。

② 将海带芽用清水泡 5 分钟后，用热开水汆烫，再度泡在冷开水中。

贴心
小叮咛

❶ 鲷鱼薄片要切得极薄，最厚不超过
0.2 厘米。

❷ 海带芽用刚煮开的热水冲烫过即
可，不必入滚水，否则会失去脆感。

❸ 吃生鱼片时，蘸一点山葵酱，再蘸
一点酱油，将蘸山葵酱的部分放在舌
中前方，品其珍味。

⑤ 将鲷鱼切成斜片。

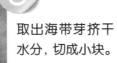

③ 取出海带芽挤干
水分，切成小块。

⑥ 将海带芽、鲷鱼片、小番茄装入柠檬盅之中，
淋上柠檬寒天，配上少许山葵酱。装盘，旁
边饰以小碟酱油，以备食用时淋上。

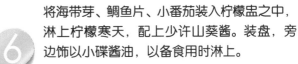

④ 将小番茄去蒂切成
4 等份。

凉拌百里香 嫩豆腐

创意的百里香嫩豆腐，是我突发奇想的神来之笔，想不到如此美妙，你一定要尝试。

百里香、豆腐与松花蛋，犹如交响诗，如此简单的美味，竟让人回味无穷。

白芝麻油要够新鲜，香气十足；海苔香松最好选出炉不久的，脆脆的口感真好。

现做现吃，海苔香松及肉松要等上桌时再撒上，一人一小块，热量少，又满足。

食材 *Material*

1. 嫩豆腐 1 小盒
2. 百里香嫩叶 1 大匙
3. 海苔香松 1 茶匙
4. 肉松 2 大匙
5. 松花蛋 1 个
6. 白芝麻油 1 茶匙
7. 淡色酱油 2 茶匙

① 将嫩豆腐反扣在盘中。松花蛋剥去壳，切成 4 块环绕在豆腐四周。

② 将百里香择下嫩叶，撒在豆腐上。

③ 再撒上肉松。

⑤ 最后淋上酱油即成。

④ 撒上海苔香松，白芝麻油淋在豆腐上。

贴心
小叮咛

❶ 盒装的豆腐最好。若买市场上的板豆腐，要买嫩豆腐。

❷ 松花蛋用缝衣线切才好。

❸ 酱油选淡色酱油，肉松及白芝麻油一定要够新鲜。肉松不必太多，以免抢了风采。

蔬菜润饼

这是现代快速版的润饼，饼皮可到市场上买，几乎每个市场平常都可买到。

早年在南部家乡，只有清明节吃润饼，而且蔬菜就有十多种。现在主菜卷心菜、胡萝卜、香菜保留，加入脆脆甜甜的苹果丝以及豌豆芽菜，健康又美味。

食材 *Material*

1. 润饼（春卷）皮 4 片
2. 卷心菜叶 4 片
3. 胡萝卜 1/4 个
4. 包心生菜叶 4 片
5. 豌豆芽菜 20 克
6. 香菜 1 大匙
7. 花生粉 3 大匙
8. 苹果 1/4 个
9. 美奶滋 2 大匙

① 将卷心菜及胡萝卜切细丝，加 1/2 杯水在锅中炒熟，滤去水分放凉。

② 将包心生菜叶切细丝备用。苹果去皮、子，切成细丝。

③ 取一片润饼皮，涂上一点美奶滋。

④ 将卷心菜、胡萝卜、包心生菜叶、豌豆芽菜分别铺上，然后放上苹果丝、香菜。

⑤ 最后再挤上美奶滋，撒上花生粉。

⑥ 两边饼皮向中间折入后，由内往外卷成一卷。每卷可斜切成两半装盘，旁饰香菜。

❶ 菜丝一定要挤干水分，否则皮很容易破。若要包很多菜，最好用两层饼皮。

❷ 苹果丝为防氧化，最好在柠檬水或盐水中浸泡一下，但捞起后要擦干。

❸ 花生粉是主角之一，买现成的先闻闻香气，看是否新鲜，剩下的可密封放入冰箱冷冻室。

爽口鸡肉三明治

这是标准的英式下午茶必备点心。

清清爽爽的味道，毫无负担。若单以小黄瓜片制作，也很棒，素食者可多采用。

原来用的奶油为软性一般奶油，我这次选用苹果酒口味的奶油，香甜的味道与黄瓜片搭配，好吃极了，与鸡肉丝相融，也是绝配。

这款小三明治必须去边，斜切成 4 小片，而且讲究清爽味，一口一小块，淡雅清新，最好不要加入其他馅料。

食材 *Material*

1. 白吐司（薄片）3 片
2. 鸡胸肉适量
3. 小黄瓜 1 根
4. 苹果酒奶油
   （Creme Calvados
   Plastique）1 大匙
5. 海盐 2 茶匙

1 在鸡胸肉上撒 1 茶匙海盐，用电饭锅蒸熟，取出放凉，撕成细丝状。

2 将小黄瓜切成薄片，用一点海盐腌约 10 分钟，挤去水分，用纸巾擦干备用。

3 白吐司切去四周硬边，放入干锅中，煎至两面呈金黄色后取出。

4 取一片吐司，上面均匀抹上一层苹果酒口味的奶油。

5 将鸡肉丝均匀排上两层，撒一点海盐。

6 取一片白吐司均匀抹上奶油，奶油面向上盖在鸡肉上。

7 均匀铺上两层小黄瓜片，撒上一点海盐。

8 取另一片白吐司均匀抹上奶油，奶油面向下盖在小黄瓜片上，稍微压紧一下。

贴心小叮咛

❶ 小黄瓜一定要切成薄片，最好是 0.1 ~ 0.15 厘米厚，且要用海盐腌入味。

❷ 鸡肉入味放凉后，用手撕成细丝，约 0.2 厘米粗即可，最好不要用刀切的。

❸ 苹果酒口味的奶油要耐心地在每片吐司面包上抹均匀才好吃。

9 做好后斜切成 4 小块，用竹签固定，即可盛盘。

鸡肉玉米黄瓜冻

寒天具有高膳食纤维、无热量之特质，非常适合轻食。

此道美食清透爽口，色彩优美，在下午茶时光多吃几口都无妨。

以鸡汤为底，配上鸡肉丝、小黄瓜片及玉米粒，清淡中透出甘甜味，上面的葱丝及白芝麻搭

起另类口感，十分多元。

食材 *Material*

1. 鸡胸肉适量
2. 小黄瓜1根
3. 罐头装甜玉米粒2大匙
4. 青葱2根
5. 姜片3片
6. 白芝麻1大匙
7. 寒天粉1茶匙（约4克）
8. 白胡椒粉约1/4茶匙
9. 米酒1大匙
10. 盐1茶匙

① 将鸡胸肉撒上盐，腌约10分钟。

② 放入锅中，加入3杯水、姜片、米酒，开小火煮开，去除浮沫后，盖锅煮10分钟。

 去除鸡皮，将鸡肉撕成细丝。鸡汤过滤后取2杯备用。

贴心
小叮咛

❶ 小黄瓜片必须有0.3厘米厚，脆度才够。

❷ 将青葱切丝泡在冷水或冰水中，除去太强的呛味之后，可增加清脆感。

❸ 寒天粉在热锅时要用木匙不断搅拌至完全溶化，继续搅拌至煮开后即熄火，停止搅拌，稍凉，即可入模型。

④ 将小黄瓜斜切成厚 0.3 厘米左右的片，撒上一点盐腌 5 分钟，用纸巾吸去水分备用。

⑤ 青葱对半直切，再切成细丝，在冷水中浸泡后，沥干水分。

⑥ 将 2 杯鸡汤加温，倒入寒天粉，用木匙不断搅动，沸腾后转小火。

⑦ 待寒天粉完全溶化后，加入 1/4 茶匙盐及白胡椒粉调匀。

在便当盒或耐热容器中放入鸡肉、小黄瓜、玉米粒，再倒入步骤 7 的材料，稍凉，放入冰箱冷却凝固。切成适口的大小，配上葱丝，撒上白芝麻即成。

辣味凤尾虾

此小食取其蒜香及微辣风味。虾最好是中等或小的，除了肉嫩之外，较适合做成小菜，搭配啤酒极佳。

俄勒冈酢浆草及欧芹可增添特殊鲜香，同时配上小红虾品相极佳。

吃时要用小匙将虾、蒜末、辣椒及香草一起入口，层次感十分丰富，再加上蒜末的香脆，包君满意。

食材 *Material*

1. 中等大小的鲜虾 12 尾
2. 蒜 12 瓣
3. 干辣椒 4 根
4. 俄勒冈酢浆草 2 茶匙（新鲜的或干燥的均可）
5. 欧芹 1 茶匙（新鲜的或干燥的均可）
6. 海盐 1/2 茶匙
7. 植物油适量

① 将鲜虾去头剥壳，留下尾巴，去沙肠。

② 用少许盐将虾腌一下，并加上 1/2 茶匙植物油拌匀。

③ 10 瓣蒜切细末，另外 2 瓣切薄片。干辣椒切小段，每段约 0.3 厘米长。

贴心
小叮咛

❶ 蒜末要炒一下到有点焦香，但不可炒黑了。

❷ 虾下锅翻炒两下变色即熄火，使锅离开炉具，让余温煎熟虾肉，若留在炉上虾肉会太老。

❸ 香草可用新鲜的或干燥的。新鲜的味道不同，只能最后撒上，不宜烹炒。

4 在锅中放油、加热，加入蒜末和蒜片爆香，随即加入辣椒段。

6 关火离火，加入 1/2 茶匙盐、俄勒冈酢浆草、欧芹，即可装盘。

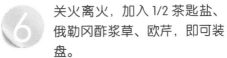

5 将鲜虾倒入锅中迅速翻炒，变红色即可。

茄子佐芝麻酱

　　朴实简单的茄子，蘸酱成了重点。用柴鱼高汤调和白芝麻酱、味醂（一种类似米酒的调味料）及酱油，甜咸适中，在咸味中，一点点海盐成了层次的关键。

　　由于食物单纯，摆盘成了趣味重点。用汤匙直立摆饰，有大厨的派头，淋下的酱汁，自然流畅，几粒白芝麻，美得有点舍不得咬下。

食材 *Material*

1. 长茄子 3 根
2. 白芝麻酱 2 大匙
3. 海带高汤 1/3 杯（或用鲣鱼粉溶入温水中代替）
4. 味醂 1 大匙
5. 淡色酱油 1/2 茶匙
6. 海盐 1/2 茶匙
7. 白芝麻少许

❶ 茄子别煮得过头，以免太软。煮好后一定得放入冷水中泡凉，口感较好。

❷ 除酱油外，海盐一定要加一点，才有咸味的层次。

❸ 茄子及酱料皆可多做一些，这道菜隔一两天吃无损风味，但酱汁一定得密封，并在上菜前再淋上。

1 将水烧开后加入 1/4 茶匙盐，将茄子放入煮软。

2 取出茄子放入冷水中泡凉。

3 白芝麻酱加入海带高汤调匀。

4 再加入味醂、淡色酱油、海盐调和成芝麻淋酱。

5 将酱淋在茄子上，上桌前再撒上白芝麻即成。

馄饨脆片
佐甜辣酱

炸馄饨到脆口、内馅菜肉渗出一点油脂，佐以甜辣酱，真是经典，你一定会爱上这种迷人滋味，说不出来呢！

炸纯馄饨片时，可捏成不同造型，增添趣味。买一盒馄饨，两种吃法，偶尔放纵一下，别太担心。

我个人几乎不沾油炸食物，但一个月尝几口这样的点心，还不至于担心呢！

食材 *Material*

1. 市售馄饨 12 枚
2. 馄饨皮 20 片
3. 番茄酱 2 大匙
4. 柠檬汁 1 茶匙
5. 辣椒酱 2 茶匙
6. 白砂糖 2 茶匙

 将油烧热放入馄饨，炸至金黄色，捞起放在吸油纸上吸油。

 将馄饨皮抓花。

放入油中炸至金黄色，捞起放在吸油纸上。

将番茄酱、辣椒酱调匀，加入柠檬汁。

再加入白砂糖，调和成甜辣酱，装入小盘中。将炸馄饨及馄饨皮装盘，旁置甜辣酱即可。

贴心小叮咛

❶ 控制油温，不可太高，否则馄饨一下子就变焦炭了。先用一小角的馄饨皮试试，丢下去浮起稍黄，即可开始炸。

❷ 先炸馄饨，再炸馄饨皮，一定要用吸油纸吸去油。

❸ 好的辣椒酱调起来风味十足，喜欢甜一点的可多加 1 茶匙糖，各种糖均可，不一定要用白砂糖。但此甜辣酱是灵魂，不可偷懒。

番茄挞

此番茄挞集香料之大全，无论用新鲜香草或干燥香草都一样好吃。我家的阳台小花园种植着各种常用香草，趣味横生，除了平日取之泡为茶饮外，遇到做菜时即可大大发挥其功效。

台湾真是太棒了，各地花市中即有出售各种香草的花园商家。我建议各位在家种几盆，随时可用。超市、店铺也出售各种干燥香草，常吃可保健康。希腊克里特岛人健康长寿的秘诀是每日摄取几十种不同香草。他们在制作比萨时一次可放上百种香料，真是叹为观止。

食材 *Material*

1. 中等大小的红番茄 6 个
2. 洋葱 1/2 个
3. 百里香、罗勒、迷迭香、俄勒冈酢浆草、鼠尾草等各种香料少许（新鲜的或干燥的均可）
4. 羊奶酪约 100 克
5. 莫札瑞拉奶酪（Mozzarella）约 100 克
6. 蘑菇 6 个
7. 大葡萄干 1 大匙
8. 杏仁 2 大匙
9. 橄榄油 2 大匙
10. 盐、黑胡椒粉各少许
11. 薄荷叶 6 片

① 将每个番茄从上方1/4处横切，挖出子及汁液。

② 将洋葱、蘑菇切小丁，羊奶酪切小丁，新鲜香草切碎。

③ 将洋葱丁、蘑菇丁、羊奶酪丁、大葡萄干与香草碎混合，加入一点盐、黑胡椒粉及橄榄油混合均匀。

❶ 番茄的汁液要全部掏出，以免烤时出水。

❷ 烤时番茄及切下来的盖子一起烤，盖子可做装饰。

❸ 莫札瑞拉奶酪要覆盖在番茄上层入口处，可多放一点，烤出来才会焦黄漂亮。

 上层覆盖莫札瑞拉奶酪丝。

 装入挖空的番茄。

烤箱以180℃预热5分钟，将番茄挞放入烤15分钟。取出番茄挞，上加杏仁及一片薄荷叶装饰即成。 ⑥

茄子奶酪饼
佐墨西哥脆片

硬式莫札瑞拉奶酪配圆茄做成三明治，炸后由中间切开，奶酪流出那一刻，口水也流出来了。

这款品相极佳的小食，口味也很棒。用啤酒调的面糊加了冰块，冰热交错炸出脆感，加上茄子及奶酪的软与滑，真有说不出的快感。

蘸上胡椒盐趁热吃吧，绝对享受。

食材 *Material*

1. 短圆茄子 2 个
2. 干的莫札瑞拉奶酪 200 克
3. 鸡蛋 1 个
4. 油炸粉 4 大匙
5. 啤酒 2 大匙
6. 胡椒盐 1/2 茶匙
7. 海盐少许
8. 植物油 1 茶匙
9. 墨西哥脆片适量
10. 冰块适量

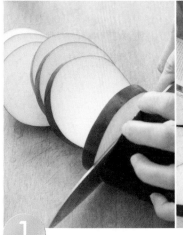

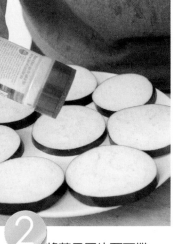

1 将茄子去头、尾，横切成约 0.5 厘米厚的圆片。

2 将茄子圆片两面撒上一点盐，静置 10 分钟。脱水后，用纸巾擦干。

贴心小叮咛

1 日本圆茄较硬，用于此道美食较适合，而且环切圆片做三明治刚好。

2 啤酒冰过更好，只取 2 大匙，其余正好配奶酪饼。

3 加入面糊的冰块只要五六块即可，目的在于降低面糊温度，几分钟后开始融出水分，冰块即取出。

3 将莫札瑞拉奶酪切成约 0.3 厘米厚的片。

4 鸡蛋打散，加入油炸粉、啤酒混合均匀。

再加入1茶匙植物油。

在两片茄子中间夹奶酪片，做
成茄子三明治。

搅匀成面糊，加一
点冰块。

将茄子三明治沾上面糊，放入油锅
中炸至两面金黄，取出放在吸油纸
上。茄子三明治由中间切成两半装
盘，旁置胡椒盐和墨西哥脆片。

咸点
18

意式圆饺

用水饺皮做此意式圆饺，真是方便省事，风味丝毫不减。

蓝纹奶酪与绞猪肉、菠菜及蘑菇融合后，重重的奶酪味减淡了，对于不大爱吃太浓奶酪的人来说反而适口，而且风味独特，好吃极了。

除了干煎之外，也可以烤或水煮后再淋上番茄奶酪酱料，各自随意。好处是可以一次多做一些，放入冰箱冷冻室，吃时再解冻处理。

我个人喜欢以不同内馅，如虾仁、鸡肉、牛肉或素料，搭配不同奶酪多做一些，放在冰箱冷冻室随时变换口味，上菜时别忘了撒上欧芹哦，当然，香菜（芫荽）也行。

食材 *Material*

1. 水饺皮 20 片
2. 蘑菇（香菇除外）4 个
3. 干香菇 3 个
4. 绞猪肉约 150 克
5. 蓝纹奶酪（Blue Cheese）约 100 克
6. 菠菜叶 10 片
7. 鲜奶 2 大匙
8. 青葱 2 根
9. 姜末 1 茶匙
10. 海盐、麻油、胡椒粉少许
11. 油 3 大匙
12. 欧芹少许

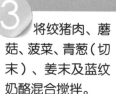

1 将干香菇用水泡软，取出切碎。其余的蘑菇切碎。

2 将菠菜叶用开水稍烫一下，取出切碎，挤去水分，越干越好。

3 将绞猪肉、蘑菇、菠菜、青葱（切末）、姜末及蓝纹奶酪混合搅拌。

4 加入鲜奶、海盐、麻油、胡椒粉拌匀成肉馅。

5 将一片水饺皮周边蘸一圈水，中央放入约1大匙馅料。

6 取另一片水饺皮，四周蘸点水，盖在步骤5的材料上。

贴心小叮咛

❶ 菠菜要切细，水要挤干才可用。

❷ 煎时在饺子上戳几个洞放出空气，皮较不易破。

❸ 边煎脆黄后，一定要加水盖锅，将内馅催熟。

 在平底锅中加入 3 大匙油烧热，一一下入圆饺，在圆饺上方用牙签戳几个小洞。

⑦ 取一支叉子在圆周边缘按压一圈，使两片水饺皮紧密黏合，注意不可有缝隙。

⑩ 待水干后将圆饺翻面再煎至金黄，起锅装盘，上饰欧芹即成。

⑨ 转小火，加入半杯水，盖锅焖熟。

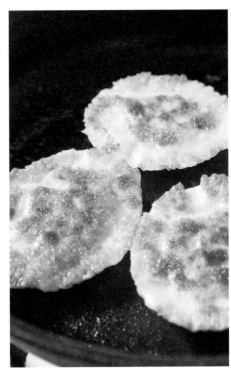

花生沙拉酱拌面

拌面人人会做，但巧在酱汁及配料。

花生酱带点颗粒，加上美奶滋、柠檬汁、白芝麻油、酱油及一点海盐，真是一场奇妙的味觉盛宴。

配料只有简单的小黄瓜丝及绿豆芽，绿白相间，脆感十足。面也选细的较搭，小小的几口，吃巧不吃饱。

食材 *Material*

1. 细面条1把（约100克）
2. 小黄瓜1根
3. 绿豆芽适量
4. 花生酱 2 大匙
5. 美奶滋沙拉酱 2 大匙
6. 柠檬汁 1/2 茶匙
7. 淡色酱油 1 大匙
8. 海盐 1/4 茶匙
9. 白芝麻油 1 大匙

❶ 面要煮得有弹性，注意别太烂了。

❷ 绿豆芽下煮面水中 5 秒立即捞起，取其爽脆。

❸ 花生酱与美奶滋等比例加入，但若喜欢稍甜的口感，可多加 1 大匙美奶滋。每人口味不同，自己要多试。

① 将面条放入滚水煮熟，捞出沥干。

② 用煮面水烫一下绿豆芽（5秒）即捞出沥干。

③ 将面条洒上白芝麻油，混合均匀。

④ 将小黄瓜切成细丝。

⑤ 将花生酱、美奶滋沙拉酱、柠檬汁、酱油、海盐充分混合均匀成花生沙拉酱。

⑥ 小黄瓜丝垫底，上放绿豆芽、面条，淋上酱汁即可。

意式番茄奶酪豆腐

橘、红、白三色相间的番茄奶酪豆腐盘，真是赏心悦目啊！

豆腐无味，搭上番茄片、奶酪片正好融于口。酱汁极有特色，除了酱油、橄榄油，柠檬寒天的清酸爽口，更添风采。

食材 *Material*

1. 红番茄 2 个
2. 嫩豆腐 1 大块
3. 橘色奶酪片 4 片
4. 罗勒叶 20 片
5. 橄榄油 1 大匙
6. 盐 1/4 茶匙
7. 酱油 1/2 大匙
8. 柠檬寒天 4 大匙（做法参见 38 页）

①将番茄去蒂划十字，再投入热水中 15 秒，随即取出放入冷水。

②剥去外皮，切成 1 厘米厚的番茄片。

① 豆腐以细的板豆腐为宜，但要压出水分。

② 番茄去皮口感较细，一般家中不去皮也行。

③ 罗勒叶的味道搭配豆腐或番茄都很棒。这道料理一定要采用新鲜的罗勒叶，没得商量，自己种一盆吧！

③ 在豆腐上撒一些盐，上面压一个稍重的盘子，静置60分钟，将水分沥出。

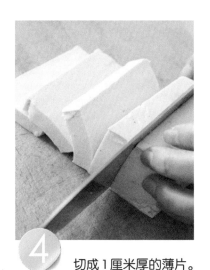

④ 切成1厘米厚的薄片。

⑥ 取4片罗勒叶切碎。依序将番茄片、豆腐片、奶酪片叠放在一起。撒上罗勒叶屑。分别淋上橄榄油、酱油及柠檬寒天即成。

⑤ 将奶酪片每片切半。

香醋锅贴

这道锅贴说起来没什么学问，只是方便迅速而已。

现在上班族下了班或假日要自己动手煮一餐，总要轻松、简单又有创意。

外面的锅贴可能煎得太油，我们用现有的水饺，用最少的油煎成锅贴，最重要的是香醋调了口味，让锅贴更加不油腻。

蘸料可不能随便，蒜末、香菜及香油一样都不可少，当然香醋是主角，多调一点还可蘸肉片呢。

食材 *Material*

1. 市售水饺 8 个
2. 香菜 2 大匙
3. 香醋 3 大匙
4. 蒜末 1 大匙
5. 香油 1 大匙
6. 植物油 2 大匙

① 在平底锅中放入2大匙植物油烧热，水饺平放在锅中煎一下，转小火。

② 将半杯水淋入锅中，盖锅焖3分钟，将水饺翻面煎成金黄色。

③ 起锅前淋上2大匙香醋即熄火，待香醋吸干。

贴心小叮咛

❶ 现煎水饺不可心急，要先将油烧热再下水饺，并以小火慢煎。

❷ 底层煎黄后一定要加水盖锅，将内馅焖熟，水吸干了再翻面煎。

❸ 起锅前淋上香醋立即熄火，锅留在炉上，让余热烘干香醋。

④ 将1大匙香醋、香菜、蒜末及香油混合成蘸料。

坚果奶酪佐苏打饼干

西方人在用完下午茶或餐后甜点之后，喜欢以多种不同的奶酪搭配果干、坚果飨客。

这份料理丰盛得很，大部分配上原味小饼干或苏打饼干供客人自取。

苏打饼干奶酪夹心是贴心的设计，你可以自己选择不同的奶酪及果干做成内馅，上面装饰一

下，来点创意吧！

食材 *Material*

1. 芳提娜奶酪（Fontina）、干制莫札瑞拉乳酪、布里奶酪（Brie）、门贝尔奶酪（Camembert）、中度熟成切达奶酪（Medium Cheddar）各 50 克
2. 腰果、杏仁、核桃、夏威夷果各 1 大匙
3. 杏干、大葡萄干、橄榄各 1 大匙
4. 原味苏打饼干 10 片

❶ 奶酪都以大块排列，可置于奶酪木砧板上，供宾客取用。
❷ 奶酪搭紫葡萄干，咸甜味融合非常好，可置于边上，但其他水果不宜。
❸ 汽水或香槟是很好的搭配饮料。

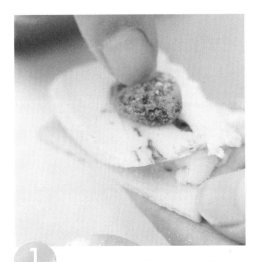

1 取小片苏打饼干抹莫札瑞拉奶酪，上加一粒杏干，上面覆盖另一片苏打饼干。

2 在步骤1的材料上加另一小块卡门贝尔奶酪，最后加上一粒大葡萄干即成。

3 用小碟分别盛放坚果及果干等置于大盘中央，周围分别盛放切片的各色奶酪，另用一中碟盛放做好的苏打饼干奶酪夹心。可依不同喜好使奶酪搭配黑橄榄、青橄榄或其他蜜饯等，口味极佳。

咸点
23

三层起酥三明治

这道豪华起酥三明治口味多元，重点在于最上层起酥皮烤出酥脆的口感，咬下去令人心满意足。

三层内馅各有妙处，千岛酱唤醒各食材，让番茄、玉米、黄瓜、火腿与奶酪集体起舞，一口一口享受不同口感与风味。

如果你一个人吃不完，切一半与友人分享，从头到尾，包你们哑口无言，直至最后一点面包屑跌落桌角。

食材 *Material*

1. 面包片 4 片
2. 小黄瓜 1/2 根
3. 甜玉米 1/2 大匙
4. 鸡蛋 3 个
5. 包心生菜叶 2 片
6. 红番茄 1/2 个
7. 火腿 1 片
8. 奶酪片 1 片
9. 起酥皮 1 片
10. 千岛酱 3 大匙
11. 海盐 1/2 茶匙
12. 黑胡椒粉少许

1 将小黄瓜切小丁，与甜玉米混合，拌入 2 大匙千岛酱、些许海盐及黑胡椒粉调匀。

2 将红番茄去蒂，横切成 0.3 厘米厚的薄片。

3 将 1 个鸡蛋煮熟，横切成 0.3 厘米厚的薄片。

4 将面包片去边，放入干锅煎至双面呈金黄色，盛出。

5 取一片面包片摊平，抹上千岛酱，铺上包心生菜叶、火腿片。

6 盖上第二片面包片，铺上步骤 1 的材料及熟鸡蛋片。

 再盖上第三片面包片，上抹千岛酱，铺上番茄片及奶酪片。

8 最后盖上第四片面包片，略为压紧。

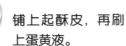 铺上起酥皮，再刷上蛋黄液。

9 面包片上层涂上蛋液。

11 烤箱 200℃预热5 分钟，将三明治烤 12 分钟，取出即成。

贴心小叮咛

❶ 面包片最上层要涂上蛋液再加上起酥皮。

❷ 起酥皮上涂纯蛋黄液，烤出来的金黄色较漂亮。

❸ 注意烤箱，别用只有上火的，容易烤焦。可使上下火较平均，起酥皮烤黄了即可取出。

咸点
24

梅子凉面

日本人在便当中放一颗腌梅，即可防止便当腐化，可见梅子有天然防菌功能，此外还可助消化、消脂。

梅子寒天，其味微酸，让凉面吃起来舒服极了，在夏天炎热季节是最开胃的。此外，它还可以淋在蔬菜沙拉上，清新爽口至极。

鸡胸肉、海带芽让凉面丰富起来，但热量微乎其微，减肥者可多取用。

食材 *Material*

1. 细面条1把（约100克）
2. 海带芽1大匙
3. 鸡胸肉适量
4. 紫苏梅4颗
5. 萝卜苗2大匙
6. 日本腌梅2颗
7. 寒天粉约1茶匙（4克）
8. 味醂2大匙
9. 紫苏梅酱1大匙
10. 海盐1茶匙
11. 米酒1大匙
12. 酱油适量

 在不锈钢锅中放入梅酱、寒天粉、味酥、2杯水开火拌匀，直至沸腾。

1 在鸡胸肉上撒1茶匙盐、米酒，放入电饭锅蒸约5分钟。取出放凉，撕成适口的小长条。

2 将海带芽清洗后，稍泡水3分钟，即以热开水汆烫过，再泡在冷水中，取出挤去水分，切成小块。

3 将紫苏梅去核，切成小块备用。日本腌梅去核，将梅肉剁碎成为梅酱。

5 转小火再煮3分钟，离火倒入耐热容器，待转凉，放进冰箱冷却凝固，即成梅子寒天。

贴心
小叮咛

❶ 用细面制作较为适合，若有山药细面更好，面线亦可。

❷ 海带芽用热开水烫过即可，不宜在水中煮，这样才有脆度。

❸ 淋酱中加入味醂取其甜味，若无味醂，可加1茶匙砂糖。

6 将面条放入沸水煮熟取出，放入冰水中泡一下，沥干水分。

7 将蒸鸡胸肉的汤汁加上酱油、紫苏梅酱、1茶匙盐调匀，加上紫苏梅块。

8 将凉面放入碗中，上放萝卜苗、海带芽、鸡肉条，淋上步骤7的材料及2大匙梅子寒天，即成。

CHAPTER 2
——— 甜点 ———

　　想到这 24 道甜点，我做梦都还在笑呢！你尝过加了红曲酒酿的花生煎饼吗？你试过玫瑰花蜂蜜与咖啡粉、奶酪融合的美味吗？薄荷黄瓜奶油霜真是美到极点，给它一个吻吧！

红曲酒酿
花生煎饼

墨西哥饼皮妙用无穷。

这款中西合璧的甜饼，将红曲酒酿与花生粉、帕马森奶酪粉结合，混搭的口味，加上红砂糖嚼出的响声与饼皮煎过的脆感，真是天作之合。

食材 *Material*

1. 墨西哥饼皮 2 片
2. 红曲酒酿 2 大匙
3. 花生粉 2 大匙
4. 帕马森奶酪粉 2 大匙
5. 海盐 1/4 茶匙
6. 红砂糖 2 茶匙

❶ 饼皮两面都要先煎一下，但未加料前不要煎到脆，等第二次连料加热时再煎到稍焦黄。

❷ 内馅一定要撒一点点盐，甜咸合一味道才棒，且咸味会让甜味更显得甜而不腻。

❸ 奶酪粉之外也可加一些奶酪丝，增加加热后的黏合度，这是薄饼，别做太厚。

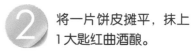
将一片饼皮摊平，抹上
1大匙红曲酒酿。

将饼皮两面稍煎一下
（不必加油），取出。

撒上一点点海盐。

将花生粉均匀铺上。

⑤ 将红砂糖均匀撒上。

⑥ 最后铺上帕马森奶酪粉。

⑦ 将另一片饼皮盖上压紧。

⑧ 平底锅烧热（不必加油），将煎饼两面煎成金黄色。将煎饼切成4等份装盘，淋上红曲酒酿即可。

鲜奶腰果松饼

这款松饼除了有变化之外，加了腰果，在松软中另有脆香，满足口感。

望着奶油熔在热热的松饼上，午后的食欲被激起来了，只要那一口，什么烦恼都抛到九霄云外。热着吃，心里也热乎乎，好享受！

食材 *Material*

1. 松饼粉 1 杯
2. 鸡蛋 1 个
3. 鲜奶 1/3 杯
4. 腰果 2 大匙
5. 无盐奶油 1 小块
6. 植物油 2 大匙

贴心小叮咛

❶ 打蛋时别偷懒，先打发蛋白，松饼会更松软。

❷ 面糊中加入 1 小匙油，煎起来松饼边缘会脆脆的，好看又好吃。

❸ 煎松饼时，每片一定要有 1/3 以上起泡了才可翻面，这样煎出来的饼正好。

将鸡蛋的蛋白、
蛋黄分开；将蛋
白打发，蛋黄搅
成液状。

再加入蛋黄液搅拌好备用。

加入松饼粉、鲜奶、1茶
匙植物油，拌匀。

腰果留下四粒做最后装饰用，其余每粒切成三四小块，全部加入面糊中拌匀。

在平底锅中放入油烧热，面糊先倒入1/4分量，转小火。

看到面糊上面起泡，即可翻面，取出。其余面糊如法煎成3片，起锅装盘，每片上饰腰果及奶油即成。

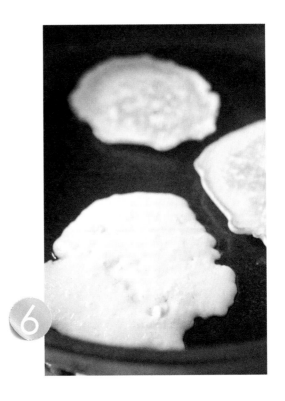

樱桃奶酪贝果

做起来像一朵花一样的贝果，任谁都爱不释手。颜色、造型都美，当然口感、味道更棒。

奶酪片卷着樱桃做成花瓣状围成一圈，微酸的樱桃，搭配甜甜的草莓果酱与微咸的奶酪片，

成了独特的风味。

食材 *Material*

1. 贝果面包 1 个
2. 奶酪片 1½ 片
3. 樱桃 6 颗
4. 草莓果酱 1 大匙

❶ 市售的冷冻贝果面包解冻后，不必烤即可直接使用。

❷ 可选不同的奶酪与果酱搭配，或涂上奶酪酱。

❸ 草莓、凤梨、香蕉等各种水果都可选用，甚至每个贝果面包搭配两种水果也是妙方。

1 将贝果面包横切成上下两片。

2 将奶酪片斜对切成两片三角形。

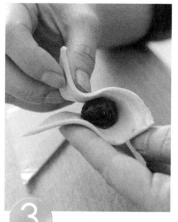

3 每片卷起一颗樱桃，做成樱桃奶酪卷备用。

4 将下半片贝果面包涂上草莓果酱。

6 将上半片贝果面包盖上，略为压紧，即成。

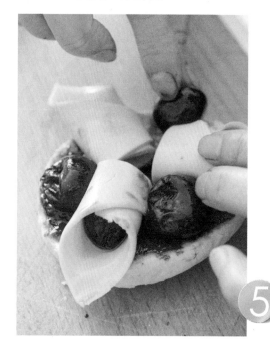

5 一个樱桃奶酪卷旁置一颗樱桃，依序在贝果面包上围成一圈。

甜点
04

玫瑰咖啡
莫札瑞拉奶酪

这是很难想象的妙计：让咖啡粉搭配奶味香浓的新鲜莫札瑞拉奶酪。咖啡粉的香与奶味奶酪

在齿间漾开的那一瞬间，难以言喻的美好迸出来了，那真叫幸福。

尤其是我特意调的玫瑰花蜂蜜，充满了清纯的爱，蜜与花，甜与香，满满的柔情蜜意。

这是一道爱情的甜点，源远流长。

食材 *Material*

1. 新鲜莫扎瑞拉奶酪球 4 个
2. 细咖啡粉 2 茶匙
3. 干燥玫瑰花 8 朵
4. 蜂蜜 2 茶匙

2 将新鲜莫扎瑞拉奶酪球放入小盘中，上面均匀撒上细咖啡粉。

1 将 7 朵干燥玫瑰花放入小罐中，注入蜂蜜。放 1 天以上，即成玫瑰花蜂蜜，放越久玫瑰花香越浓。

① 新鲜莫札瑞拉奶酪包装内有水，要用时再打开，否则奶酪会变硬。

② 咖啡粉要磨细，现磨的较香。

③ 玫瑰花蜂蜜至少要放1周，花香才浓，吃时连同玫瑰花瓣一起吃。

③ 淋上玫瑰花蜂蜜。蜂蜜可淋多一点，风味绝佳。

最后撒上玫瑰花瓣即成。

薄荷黄瓜奶油霜

小黄瓜铺底，上放一个鲜奶油球，像极了冰淇淋在绿色舞台上跳舞，美极了。

微甜的小黄瓜片沾点儿微甜的奶油霜，柠檬皮点出果香，清淡却独具芬芳。

这份甜点品味脱俗，吃的人也沾染了贵气。

食材 *Material*

1. 小黄瓜 2 根
2. 柠檬 1 个
3. 鲜奶油 1/2 杯
4. 白砂糖 3 大匙
5. 薄荷叶 2 片
6. 海盐 2 茶匙

贴心
小叮咛

❶ 小黄瓜要切成约 0.2 厘米厚的薄片，不可太厚，且需先腌并挤去水分才会脆。

❷ 打发鲜奶油，可以用果汁机打发成硬的，再加入白砂糖后打匀。

❸ 用小吐司片加上鲜奶油、小黄瓜片、柠檬丝及一片薄荷叶作为一道小食品。

① 将小黄瓜切成约 0.2 厘米厚的薄片，用海盐腌约 10 分钟出水，沥干。

② 将柠檬刮去绿色外皮备用，其余榨成柠檬汁。

③ 将小黄瓜片用 1 大匙白砂糖、1 大匙柠檬汁腌 20 分钟左右。

④ 取出小黄瓜片沥干水分，分几层均匀铺在盘上。

⑤ 将鲜奶油打发硬后，加入1大匙白砂糖打匀。

⑥ 舀一大团鲜奶油放在黄瓜片中央。

⑦ 均匀撒上一些白砂糖及柠檬皮，在鲜奶油上插上薄荷叶即成。

樱桃番茄蜜甜心

这份像小小珠宝盒的樱桃番茄蜜甜心将激发你的想象空间，红白相间，可爱得让人忍不住想亲一口。

灵感来自南部家乡小番茄里塞一颗蜜饯李子的构想，塞入鹌鹑蛋身价似乎尊贵起来，当然加上蜜饯的酸甜搭配才够味。

酱汁取番茄汁调入蜂蜜，毫不做作的自然风，一口一小粒，人见人爱呢！

食材 *Material*

1. 樱桃番茄 8 个
2. 熟鹌鹑蛋 8 个
3. 蜜饯李子 8 颗
4. 蜂蜜 2 大匙
5. 海盐 1/4 茶匙

1 将樱桃番茄由上方约 1/4 处横切断，保留盖子做装饰。

2 挖出番茄子及汁备用。

3 将蜜饯李子切成小块。

4 在挖出的番茄子及汁中加入蜂蜜调匀。

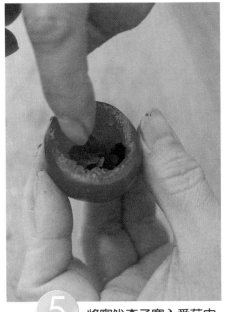

6 从鹌鹑蛋气室一方约1/4处横切断。

5 将蜜饯李子塞入番茄中。

将鹌鹑蛋一个个塞入小番茄中。将步骤4的汁液淋在小番茄洞里及旁边即成。 **7**

1 挖小番茄内部时要用极小的茶匙,优雅一点,别把皮撑破了。

2 小番茄横切时每个位置要相当,最好大小也相仿,排起来才漂亮。

3 小番茄顶上的绿蒂千万要留住,别扯掉了。这是美丽的作品,一切要完美。

什锦果麦精力粥佐苏打饼干巧克力香蕉夹心

每日吃 1 大匙枸杞对眼睛有极大的帮助，红色的蔓越莓是女性的最爱，这两样红色食品加入什锦果麦不只色彩鲜丽，更能补足精力。

方便简易的速食品，对现代忙碌者而言是一大福音。粥上面加了掰成小片的苏打饼干，增加脆感及品相。

冲一碗粥吧，别再吃零食了。

食材 *Material*

1. 三合一麦片 1 包
2. 什锦果麦 2 大匙
3. 枸杞 1 大匙
4. 葡萄干及蔓越莓干各 1/2 大匙
5. 原味苏打饼干 2 片
6. 香蕉 1 根
7. 巧克力酱 1 大匙

2 将三合一麦片放入碗中，冲入约200毫升的滚水泡2分钟。

1 将枸杞洗净，用3大匙滚水泡5分钟。

3 加入枸杞、葡萄干、蔓越莓干、果麦拌匀。

4 将苏打饼干掰成几片，放在最上面即可。

● 枸杞整粒吃，比只喝枸杞汤更好，营养全面。

② 家中常备蔓越莓干及葡萄干，任何粥皆可用，当小零食也很好。

③ 这碗粥只是开水冲泡，加了苏打饼干添风味。饼干用手掰开，很有趣。

5 将苏打饼干抹上巧克力酱，放上斜切的香蕉片。

6 再覆盖另一片苏打饼干。

草莓大馄饨

一大颗的草莓，经过造型，炸出一条条肚子大大的金鱼，真是创意十足。

听说金鱼不能吃，但这草莓金鱼可真好吃，馅多皮薄，搭了软绵绵的奶油奶酪，外脆内嫩、酸酸甜甜，蘸上加了蜂蜜的草莓酱汁，怎一个鲜字了得。

食材 *Material*

1. 草莓 9 颗
2. 奶油奶酪（Cream Cheese）2 大匙
3. 大馄饨皮 6 片
4. 蜂蜜 2 茶匙
5. 柠檬 1/2 个
6. 糖粉 1 大匙
7. 太白粉水适量
8. 盐少许

❶ 除了奶油奶酪，再加点帕马森奶酪也很好，但要放在草莓底下当垫底，别遮住草莓的光彩。

❷ 除了金鱼，还可以捏不同的造型，增添趣味。

❸ 炸时得小心，先试一小片馄饨皮，丢下去浮上来稍黄即可入锅炸，油太热很容易炸焦。

① 将大馄饨皮平铺，中央抹上1茶匙奶油奶酪。

② 将整颗草莓去蒂置于奶酪上，撒上糖粉，取另一片馄饨皮盖上。

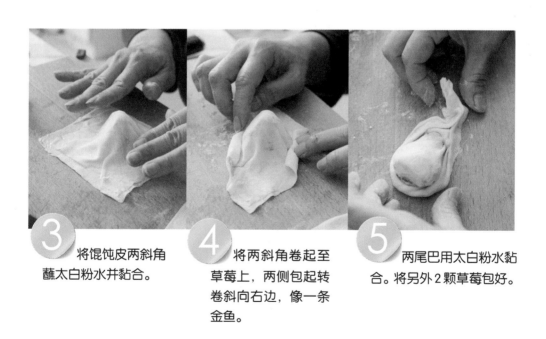

③ 将馄饨皮两斜角蘸太白粉水并黏合。

④ 将两斜角卷起至草莓上，两侧包起转卷斜向右边，像一条金鱼。

⑤ 两尾巴用太白粉水黏合。将另外2颗草莓包好。

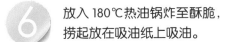

6 放入 180℃热油锅炸至酥脆，捞起放在吸油纸上吸油。

7 将其余 6 颗草莓用滤网磨出汁及泥，柠檬榨汁加入。

8 加入蜂蜜、一点点盐，调匀成蘸酱。

松露巧克力羊角面包

在巴黎吃早餐是绝不可缺乏羊角面包的，但巴黎人极其豪华地涂满奶油及果酱，奇怪的是，他们怎么不胖呢？

我将现成的羊角面包加一粒松露巧克力变魔法，让它像熔岩一样。最精彩的是那几滴白兰地酒，让巧克力与羊角面包顿时芳香四溢。

最上面插上一粒黑橄榄，平衡了甜味，也丰富了造型。

玩玩下午茶的游戏，包你年轻美丽。

食材 *Material*

1. 小羊角面包 3 个
2. 松露巧克力 3 粒
3. 巧克力酱 1 大匙
4. 白兰地酒 1 茶匙
5. 无子黑橄榄 3 粒

1 将小羊角面包横切2/3，不要切断。

2 在羊角面包下层涂上巧克力酱。

3 将松露巧克力放入面包中央。

4 滴上几滴白兰地酒。

5 合上羊角面包的切口。烤箱180℃预热5分钟，将面包放入，以180～200℃烤3～4分钟即可装盘。

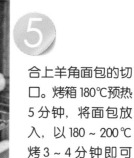

6 羊角面包上放1粒黑橄榄，用牙签固定。

贴心小叮咛

❶ 羊角面包要买最小的，约小巴掌大，才够可爱，刚好可以塞进一粒松露巧克力，也刚好可以两口吃完。

❷ 白兰地、威士忌等任何烈酒都可以，但别用甜酒，因为巧克力已够甜了。

❸ 羊角面包很小，烤一下就好，千万别烤过头。咬开时小心巧克力有点烫哦！

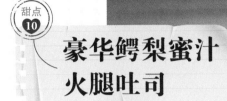

豪华鳄梨蜜汁火腿吐司

这份以鳄梨及火腿为主角的豪华甜点，让你满足到省去晚餐，笑着上床。

买现成的茶叶蛋省去煮蛋的麻烦。红色、绿色、咖啡色、米白色搭配成美丽的画面，各种食材切成不同大小、样貌的片状也是重点。

即使简单的厚片吐司，也得美美地呈现，上有美奶滋，下有芥末沙拉酱，真够豪华。

食材 *Material*

1. 厚片吐司 1 片
2. 鳄梨 1/2 个
3. 蜜汁火腿 3 片
4. 生菜 3 片
5. 茶叶蛋 1 个
6. 芥末沙拉酱 1 大匙
7. 美奶滋 1 大匙

将生菜洗净拭去水分，茶叶蛋切片备用。

将鳄梨去皮、去子，切片备用。

❶ 厚片吐司用平底锅双面煎，比较容易控制火候。用烤的也可以，但不要烤焦了。

❷ 茶叶蛋用缝衣线横切较容易，也较漂亮。

❸ 若无蜜汁火腿，用普通火腿蘸点蜂蜜就是了，而且不会太甜。

将厚片吐司放入平底锅，两面煎至金黄色取出，抹上芥末沙拉酱。

放上生菜，交叉放上鳄梨、蜜汁火腿、茶叶蛋等。最后挤上美奶滋即成。

白木耳红枣
木瓜汤

白木耳俗称平价燕窝，富含胶质又无热量，非常适合下午茶时段食用。红枣补气，与白木耳是绝配。

以木瓜皮当容器，放上橘色果肉、白色木耳、红色枣子，色彩美极了。稍甜的滋味满足了脾胃，也少了负担。

食材 *Material*

1. 七分熟的中小型木瓜
   1个
2. 红枣 8 颗
3. 白木耳 4 小朵
4. 冰糖 1 茶匙

① 将木瓜横切成两半，去子，分
别用小圆匙挖出 2/3 的木瓜肉
备用。

② 将红枣洗净，泡
水约 10 分钟。

③ 将白木耳洗净，
用 开 水 汆 烫 一
下，撕成小片。

④ 以木瓜皮当容器，分别放
入 4 颗红枣、白木耳、木
瓜肉。

 加入 1/2 茶匙冰糖及开水
至八成满。另一半木瓜做
法相同。

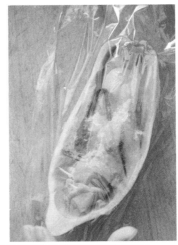

6 盖上耐热保鲜
膜压紧。

放入电饭锅中蒸 7
20 分钟即可。

 贴心
小叮咛

❶ 木瓜选中等大小的较佳，挖木
瓜肉可以用小圆匙，但小心别挖
得太深，皮的部分至少需保留 0.3
厘米厚。

❷ 除红枣外，亦可加入枸杞、杏
仁、葡萄干或蔓越莓干。

❸ 加入开水至七八成满为止，因
为蒸木瓜还会出水。最好底盘有
点深度。

酸奶苹果草莓
吐司卷

简简单单的白吐司卷，因加了苹果酸奶、草莓与苹果条而风姿绰约。

由中间切开的瞬间，你看到了白里透红的娇艳；咬下的刹那，你舌尖开始舞动，那是多么美好的片刻。

连说话都多余了。

食材 *Material*

1. 白吐司 4 片
2. 苹果 1 个
3. 柠檬 1 个
4. 草莓 4 颗
5. 盐 1/8 茶匙
6. 味醂 1/4 茶匙
7. 白砂糖 1/2 茶匙
8. 原味酸奶 3 大匙

 贴心小叮咛

❶ 白吐司要买新鲜的，冰过的不好用。

❷ 苹果酸奶因煮过，可放 1 周左右，可多做一些沙拉酱。煮时水滚即可，不要煮太久。

❸ 苹果条放入加了几滴柠檬汁的水中泡一下，除了防氧化，也可增添柠檬风味。

将柠檬外皮刮成细丝备用，其余榨成汁。

① 将苹果去皮去核，一半切成细末，一半切成长条（约 0.3 厘米宽、4 厘米长）。苹果条放入加了水的碗中，滴几滴柠檬汁以防氧化。

④ 加入酸奶，即成苹果酸奶。

③ 在 20 毫升水中，加入苹果细末、盐、糖、味醂煮沸，捞出放凉。

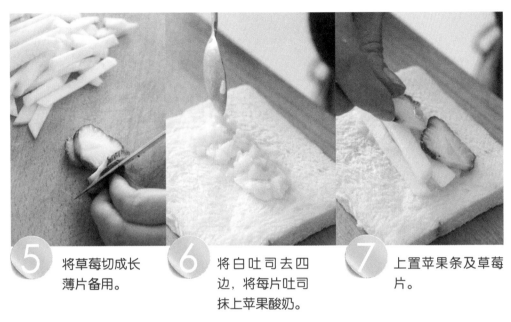

⑤ 将草莓切成长薄片备用。

⑥ 将白吐司去四边，将每片吐司抹上苹果酸奶。

⑦ 上置苹果条及草莓片。

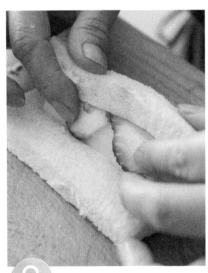

⑧ 卷成圆长条状。

⑨ 边缘蘸点酸奶黏合。每条吐司卷横切两半，即可装盘，喜欢甜食者上面可撒一些白砂糖。

意式莓果馄饨

这份热的甜点，在阴雨的午后，足以让你心花怒放。

冷冻莓果有着多重风味，黑醋栗、覆盆子、蓝莓、樱桃混合，配上橘子的香气及奶酪的软嫩微咸，如交响诗般律动着。

馄饨皮薄，刷上蛋液，稍烤即脆，淋上热的橘汁，咬下去那口酸甜，沁入心底。

食材 *Material*

1. 馄饨皮 16 片
2. 莓果（种类见本页上方说明）2 大匙
3. 橘子 2 个
4. 布里奶酪 100 克
5. 奶油奶酪 2 大匙
6. 鸡蛋 1 个
7. 白砂糖 2 大匙
8. 蜂蜜 1 大匙

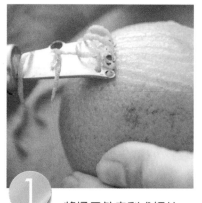

1 将橘子外皮刮成细丝，留一半果肉，其余的榨成汁备用。

将莓果、橘子果肉、一半橘子皮丝、布里奶酪、1大匙奶油奶酪、1大匙白砂糖及1大匙橘子汁混合均匀成内馅料。

3 将一片馄饨皮铺平，中央放约1大匙馅料，皮边缘涂上蛋液。

4 将另一片馄饨皮盖上，边缘紧密压平。做成8个馄饨。

贴心
小叮咛

❶ 馄饨皮用小的即可，两片黏合，刚好适口。

❷ 橘子皮丝要刮细一点。若无刮丝刀，用刀子小心削去橘色外皮，再切成丝或末。只是别刮到白色内皮，会有点苦。

❸ 刷馄饨皮的蛋液若用纯蛋黄液，皮会更呈金黄色。内馅别放太满，以免外露包不拢。

5 鸡蛋打散，在馄饨皮上方均匀刷上蛋液。

6 烤箱180℃预热10分钟。将馄饨放入烤箱以180℃烤10分钟至表皮金黄，取出装盘。

7 将橘子汁倒入锅中，加入1大匙奶油奶酪、1大匙白砂糖、橘子皮调匀，煮滚即熄火，即成酱汁。将酱汁趁热淋在馄饨上，最后淋上一点蜂蜜即成。

百果酸奶
佐水果软糖

除了小时候，我平常不吃糖，但这一小杯酸奶，却让我回到了儿童时期。

充满果汁味道的水果软糖，是我当年交代爸爸出国回来时一定要带的礼物，我永远记得坐在小凳子上一口一口地小心咬着软糖的幸福。

加了各色坚果的原味酸奶，淋上一点儿蜂蜜，那种甜，真是甜到心底了。

当小小的水果软糖加入阵营时，我像回到五岁时的美丽时光。

时光虽然不能倒流，但心里的纯真永远不灭。

食材 *Material*

1. 原味酸奶 1 杯
2. 腰果、杏仁、核桃、
   夏威夷果、南瓜子各
   1/2 大匙
3. 综合果麦 2 大匙
4. 水果软糖（不同口味）
   3 块
5. 蜂蜜 1/2 大匙

① 将原味酸奶放入杯中，将各种坚果一一撒在上面。

② 将蜂蜜淋在酸奶上。

③ 将水果软糖切成小块，与综合果麦全部撒在最上面即成。

贴心小叮咛

❶ 酸奶最好自己做。选室温可做的酸奶粉，放入一瓶纸盒装鲜奶，一天就可以了。关于鲜奶，我还是喜用全脂的，较香醇。

❷ 每天吃1大匙坚果会让你有足够的维生素E，这款甜点可以满足你的需求。

❸ 水果软糖最好买天然果汁成分高的。

仙女饼干盘

下午茶小点以小巧精致最得欢心，既满足了口感，又不会吃太多，保住了身材。这份美丽精巧的饼干盘犹如仙女下凡，食点人间烟火。

取同型或不同型小饼干均可。我在奶酪专卖店找到十分可爱的小吐司片，无论卖相、脆度都好到不行。

小饼干搭点西芹、小黄瓜、胡萝卜，取其爽口清脆。

我以奶油奶酪及苹果酒奶油作为饼干抹酱，随后加上凉凉的薄荷果酱，中央挺立一粒蔓越莓、葡萄干或杏仁，风姿各具，色彩诱人，一口一片，笑看人生。

食材 *Material*

1. 烤好的小吐司片（或小饼干）10片
2. 奶油奶酪、苹果酒奶油、薄荷果酱、千岛酱各1大匙
3. 大葡萄干、蔓越莓干、杏仁各10粒
4. 小黄瓜1根
5. 西芹2根
6. 胡萝卜1/2根

将小黄瓜洗净切长条，西芹切细长条，胡萝卜亦切长条。

2 放入冰水（加1茶匙盐）冰镇一下，取出沥干，放入小长玻璃杯，放在一个大盘中央，旁以一小碟放上千岛酱（蘸酱）。

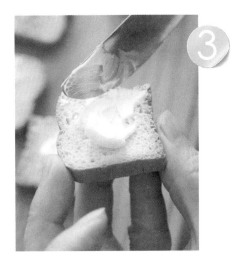

将吐司片一半抹上 1/4 茶匙奶油奶酪，另一半抹上苹果酒奶油。

所有吐司片中央放上 1/4 茶匙薄荷果酱。

 每片吐司片中央放上 1 粒大葡萄干、蔓越莓干或杏仁。将吐司片环绕盘边，即成。

贴心小叮咛

❶ 小黄瓜、西芹、胡萝卜切长条后，立即放入冰水冰镇，或放入冰箱约 15 分钟，蔬菜条才会脆。

❷ 蔬菜条蘸酱也可改为美奶滋，或二者齐备。

❸ 这是很随兴的小点，任何坚果、果干皆可用。若有乌鱼子酱或乌鱼子小片就更棒了。

彩虹果干
酒酿汤圆

每日 1 大匙酒酿，对于身体有莫大的帮助。很多女性在生孩子后的坐月子期间，是以酒酿补身的。

我有一位朋友终年手脚冰冷，吃了酒酿之后有所改善。

低温烘干的果干独具风味，剪成小块，在开水冲入后，自然释放甘甜芬芳，而且还有点嚼劲。

柳橙干的皮带着清香，正好中和芝麻汤圆的甜味。

食材 *Material*

1. 苹果干 3 片
2. 凤梨干 3 片
3. 木瓜干 3 片
4. 柳橙干 3 片
5. 芝麻汤圆 6 枚
6. 有机甜酒酿 2 大匙

1 将所有果干剪成小块置碗底。

2 用开水将芝麻汤圆煮熟捞起，放入碗中。

3 注入煮汤圆的滚水至七成满。

贴心小叮咛

❶ 果干不用煮，用煮汤圆的滚水冲入即可。

❷ 水滚之后才可放入汤圆。冰冻者要先充分解冻，否则会破裂。

❸ 酒酿不可久煮，最后直接加入汤中即可。

4 加入 2 大匙酒酿拌一下即成。

17

炸苹果圈
佐柠檬酸奶

青苹果酸度较高，炸起来刚好去了油腻感，十分爽口。

以柠檬酸奶作为蘸酱风味更佳。这款甜点有初恋的感觉，令人回味无穷。一个个的苹果圈，

似乎有套住情人的能力，然而，套了别人自己是否也被套了呢?

食材 *Material*

1. 青苹果 2 个
2. 面粉 2 杯、啤酒 1/2 杯、
   柠檬汁 1/4 杯、水 1/2
   杯、冰块少许
3. 盐 1/4 茶匙、黄糖 1/4
   杯、橄榄油 1 茶匙
4. 柠檬酸奶（材料和做
   法参考 139、140 页）
   适量

1 将青苹果切成 0.5 厘米厚的圆圈，去芯，
泡在柠檬汁加黄糖液中约 20 分钟。

2 在面粉中加入水、少许冰块、
冰啤酒、盐、橄榄油，混合
成面糊，静置 10 分钟。

③ 将青苹果片取出沥干，裹上面糊，放入油锅以中火炸至金黄色，取出用吸油纸吸去余油。

④ 放入盘中，撒上黄糖，配一碟柠檬酸奶作为蘸酱。

贴心小叮咛

❶ 苹果最好留着皮，免得去芯时苹果片裂开了。但皮的部分得先刮掉那层蜡，而且别切得太薄了。

❷ 面糊中加冰啤酒及少量油可增加炸后的脆度。

❸ 苹果片泡在黄糖液加柠檬汁中，除了防止氧化之外，还可浸入酸甜的风味。

鲜水果果冻

用寒天制作的果冻除了热量低，更有大量的膳食纤维，这款减肥人的零食健康不已。

三四种水果在透明玻璃杯中相互辉映，酸甜适度，吃起来十分清爽，解了馋又满足。

若是下午时段，再配上一杯汽水，清透极了！

食材 *Material*

1. 香蕉 1 根
2. 猕猴桃 1 个
3. 凤梨 3 大片
4. 罐头水蜜桃 2 大片
5. 寒天粉约 1 茶匙（4 克）
6. 水蜜桃汁 1 杯
7. 柠檬汁 2 茶匙
8. 蜂蜜 1 茶匙
9. 柠檬片、薄荷叶少许

将香蕉切圆片，猕猴桃、凤梨切小块，水蜜桃切小瓣。

锅中放入 1/2 杯水，加入寒天粉，开火，不断用木匙搅拌，沸腾后转小火，让寒天粉完全溶化。

在步骤 2 的材料中加入蜂蜜、水蜜桃汁、柠檬汁，拌匀熄火。

贴心小叮咛

❶ 寒天粉必须以文火煮到溶化沸腾，且用木匙不断搅拌，避免粘底。

❷ 熄火后停止搅拌，加入水果稍微放凉后，即可装入杯子。

❸ 放入冰箱冷藏室即可，不可放入冷冻室。

加入所有水果，倒进玻璃杯中，放凉，放入冰箱冷却。取出，饰以柠檬片、薄荷叶即成。

甜点
19

双色可可松饼
佐枫糖浆

此松饼有原味及可可味双口味，由于可可独具香气，若再配上一杯热咖啡就太完美了。

松饼要大气地两大片相叠，你侬我侬，非常适合情侣或夫妻你一口我一口地享用。淋了枫糖

浆独具风情，齿间留香也留情。

食材 *Material*

1. 松饼粉1杯
2. 鸡蛋1个
3. 鲜奶1/3 杯
4. 可可酱1大匙
5. 肉桂粉1/4 茶匙
6. 枫糖浆1大匙
7. 植物油1茶匙
8. 可可粉少许

将鸡蛋的蛋黄、蛋白分
开，蛋白打发。

将松饼粉加入打发的蛋白中，加入鲜
奶调匀，再加入蛋黄及1茶匙植物油。

③ 将调好的面糊一半加入可可酱，另一半加入肉桂粉，分别调匀。

在平底锅中加油烧热，加入可可酱面糊煎至冒泡后翻面再煎一下，肉桂粉面糊同法煎至金黄。两片松饼相叠，淋上枫糖浆及一点可可粉即可。

④

① 可可风味的面糊要加入可可酱而非可可粉，否则松饼会变硬，煎不出膨松感。

② 松饼要确定一面冒泡达 1/3 以上才可翻面，此时颜色、熟度都恰到好处。

③ 鲜奶最好采用全脂的，比较香醇，多不了多少热量的，别计较。

什锦杏仁豆腐

这款杏仁豆腐配上各式水果丁，色彩缤纷，更饶富趣味。

最后撒上的小红豆有画龙点睛之效，更添欢乐气息。

食材 *Material*

1. 市售杏仁豆腐粉 50 克
2. 煮熟的小红豆 1 大匙
3. 罐头水蜜桃 1/2 个
4. 猕猴桃、橘子各 1/5 个
5. 白砂糖 2 茶匙
6. 水 300 毫升

② 倒入容器中放凉冷藏。

① 将 300 毫升水倒入锅中煮开，转小火。加入杏仁豆腐粉，搅拌均匀，煮 1 分钟熄火。

④ 将做好的杏仁豆腐切成边长约 1.5 厘米的正方形块放入。

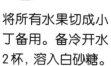

③ 将所有水果切成小丁备用。备冷开水 2 杯，溶入白砂糖。

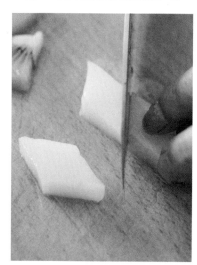

❶ 有什么水果就用什么，多几样也无妨。但不要一次切太多，吃时再切，以免水果见空气氧化。

❷ 若买不到现成的杏仁豆腐，可以用杏仁豆腐粉制作：只要加入适量的水煮开，倒入模型，冷藏即可，非常简单。

❸ 若不吃太甜的可免去白砂糖，水果的汁液已有甜味。

上面加上所有水果丁。

⑥

最后撒上小红豆即成。

甜点
21

珍珠甜比萨

绿色的青豆、黄色的玉米粒，粒粒分明，这份用吐司烤的甜比萨最能赢得小朋友的欢心。

即使是"大"孩子，偶尔放纵一下又何妨。所谓的"偶尔"是多久呢？每人标准不同，自订吧。

吐司烤后的金黄色及品相最为诱人，最后淋上蜂蜜真令人雀跃，吮拇指吧！

食材 *Material*

1. 薄片吐司 2 片
2. 莫札瑞拉奶酪丝 4 大匙、奶酪粉 2 大匙
3. 洋葱 1/2 个
4. 玉米粒 2 大匙
5. 熟青豆（毛豆或豌豆仁）1 大匙
6. 白砂糖、蜂蜜各 2 茶匙

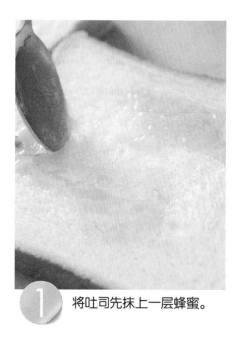

1 将吐司先抹上一层蜂蜜。

2 将洋葱切成细丝，一片吐司上铺一半。

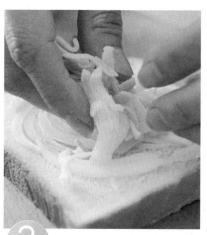

3 将2大匙莫札瑞拉奶酪丝撒在吐司上面。

将玉米粒及熟青豆以螺旋状排列在吐司上。

烤箱以 200℃预热 5 分钟，将甜比萨放入以 200℃烤 10 分钟，奶酪熔化呈金黄色即可取出。

撒上 1 大匙奶酪粉，然后撒上白砂糖，上桌前再淋上一点蜂蜜即成。

贴心小叮咛

❶ 莫札瑞拉奶酪丝要铺得够盖住吐司面，烤起来才够味。

❷ 绿色青豆及黄色玉米粒要耐心地排列漂亮。

❸ 注意烤箱，上层呈金黄色即可，别烤过头了。

甜桃煎薄饼

这份甜桃煎薄饼是很讨喜的：一方面含有水蜜桃片内馅，饼皮极为清雅；另外，热热的酱汁富含橘子的美味及橘皮的清香，令人难忘。

吃这道甜点最适合喝口伯爵茶，聆听肖邦的钢琴曲，想象欧洲庭园的古典空灵。

食材 *Material*

1. 薄饼粉 1/2 杯
2. 鲜奶 1/4 杯
3. 罐头水蜜桃 2 个
4. 橘子 1 个
5. 盐少许
6. 植物油 1 大匙

❶ 若无薄饼粉，用面粉及太白粉以 2：1 的比例混合，加上鲜奶、开水亦可调成粉浆。

❷ 此薄饼是"吃软不吃硬"，只要稍煎黄即可起锅。

❸ 做酱汁时，煮沸立即熄火离炉，并立刻浇到薄饼上。

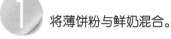

加入1茶匙盐及1
茶匙橘子汁，调匀
成为粉浆。

③ 将水蜜桃切薄片备用。

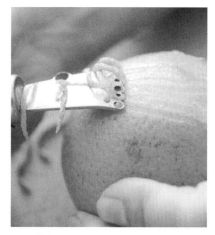

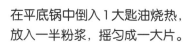

橘子皮刮成丝，其
余榨成汁。

在平底锅中倒入1大匙油烧热，
放入一半粉浆，摇匀成一大片。

6 将一半水蜜桃片排在面皮中间。

7 翻一半面皮盖在另一半上，翻面再煎一下即可起锅。另一片做法相同。

8 将1/2杯水蜜桃汁及榨好的橘子汁放入锅中小火煮沸。

9 加入一点盐，成为酱汁。酱汁淋在薄饼上，撒上橘子皮丝即成。

酒酿凤梨甜心卷

酒酿与凤梨是绝佳的搭配，加上柠檬汁、柠檬皮，自成独特风情。

包入全麦蛋饼皮中搭上奶油奶酪，湿度正好。

当然，酒酿凤梨果酱妙不可挡，再放 1 大匙在卷饼旁相伴也是人之常情啊！

食材 *Material*

1. 凤梨 1/2 个
2. 酒酿 1/2 杯
3. 白砂糖 2 大匙
4. 海盐 1/4 茶匙
5. 柠檬 1/2 个
6. 全麦蛋饼皮 2 片
7. 奶油奶酪 2 大匙
8. 葡萄干 2 大匙

贴心小叮咛

❶ 酒酿凤梨果酱在制作时一定要加 1/4 茶匙海盐，凤梨味会更香甜。

❷ 凤梨一定要炒滚再加柠檬汁、柠檬皮丝。

❸ 熄火后再加入酒酿，酒酿不可久煮。酒酿凤梨果酱可多做，放入玻璃罐中保存于冰箱。

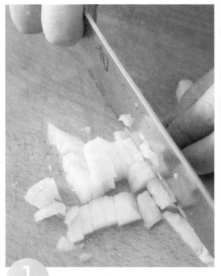

② 将柠檬皮刮成丝，其余榨成汁。

① 将凤梨去芯，切成边长约0.6厘米的小丁。

③ 将凤梨丁放入小锅翻炒至滚。

④ 加入盐、白砂糖及2大匙柠檬汁煮稠，加酒酿拌匀，即成为酒酿凤梨果酱，取出放凉。

⑤ 将全麦蛋饼皮两面
稍煎一下取出。

⑥ 在一片饼皮上均匀抹上奶油
奶酪。

⑦ 加上2大匙酒酿凤梨果
酱内馅和葡萄干。

⑧ 卷起放入平底锅中煎
成金黄色，另一片
亦同。取出斜切成两
半，上面再加上1大
匙奶油奶酪即成。

甜点
24

蓝纹奶酪甜薯条

这是中西合璧的创意甜点，以中式的春卷皮包西方的蓝纹奶酪及马铃薯泥，炸后皮脆内软，包含着咸甜奶酪香，真有"中西合体"之味。

奶酪春卷宜细不宜粗，以免像粗人吃的，就不够细致了。

尝一口，让你终生难忘。

食材 *Material*

1. 蓝纹奶酪约 60 克
2. 马铃薯泥约 120 克
3. 春卷皮 6 片
4. 白砂糖 1 大匙
5. 海盐 1/4 茶匙
6. 蜂蜜 1 大匙
7. 糖粉少许
8. 胡椒盐少许

1 将马铃薯泥、蓝纹奶酪拌均匀。

2 加入白砂糖、海盐及蜂蜜搅拌成细泥作为内馅。

3 用春卷皮将内馅卷成条状。

① 喜欢重奶酪口味的，蓝纹奶酪可选最重味的，分量也可与马铃薯泥相等。

② 若买到大春卷皮，可对半切开再做，以免太大。两边可折进去。

③ 最后撒上的糖粉可以用砂糖或蜂蜜代替，但一定要再加上胡椒盐，这样才够味！

④ 前后两端压平黏合。

⑤ 放入油锅以中火炸成金黄色取出，置吸油纸上吸去油。装盘，上面撒一点糖粉及胡椒盐即成。

CHAPTER 3
沙拉

　　12 道沙拉，10 多种酱汁组合，你学会了，可
发挥想象，多元运用。姜汁番茄沙拉绝对是女士
的最爱；海鲜沙拉让我忆起法国科西嘉岛的风情，
即使男士吃它，晚餐也可免了。无论简约或缤纷，
沙拉绝对是下午茶的新组合。

蛋皮鸡肉
蔬菜沙拉

　　以蛋皮铺底的鸡肉蔬菜沙拉，除了鸡肉必须入味外，芹菜段与青葱的清脆，加上包心生菜叶的细致，都在显示其与众不同。

　　最为关键的咖喱酸奶沙拉酱汁成为灵魂，少了它，绝对失色不少。

　　简单的食材搭上独特的酱汁，在平凡中显示其不凡。

食材 *Material*

1. 鸡蛋 1 个
2. 鸡胸肉适量
3. 包心生菜 1/6 个
4. 芹菜 2 根
5. 青葱 1 根
6. 盐 1 茶匙
7. 黑胡椒粉 1/4 茶匙

咖喱酸奶沙拉酱汁：

1. 原味酸奶、美奶滋各 1 大匙
2. 咖喱粉 1/2 大匙、盐 1/4 茶匙、植物油 1 茶匙、白醋 1 茶匙

❶ 蛋皮要煎得均匀，薄薄的但又不可太薄。一个鸡蛋正好，打散即可，别打太发，用小的平底锅摇匀，小火煎，较好控制。

❷ 咖喱粉要经过加热香味才会出来，微波炉加热一下即可，不可过火。

❸ 鸡胸肉蒸熟后放凉，撕开即可，不要用刀切。

 将咖喱粉、盐、植物油及白醋放入碗中拌匀，盖上保鲜膜，放入微波炉中火加热约 30 秒，取出。

② 拌入酸奶及美奶滋调匀，即成咖喱酸奶沙拉酱汁。

③ 将鸡胸肉加 1/2 茶匙盐及黑胡椒粉腌一下，放入电饭锅蒸熟，撕成鸡肉丝备用。

4 将青葱切细末，包心生菜叶撕成一口一口大小的片状，芹菜切成3厘米长的小段，嫩芹菜叶亦可使用。将以上材料混合均匀。

5 在鸡蛋中加入1/2茶匙盐及胡椒粉打匀，倒入平底锅煎成圆形蛋皮，取出盛盘。

6 将步骤4的所有材料放在蛋皮上，加上鸡肉丝，淋上咖喱酸奶沙拉酱汁即成。

香蕉苹果沙拉

一道沙拉需有不同口感才算完整，简单的苹果与香蕉即具备不同口感。

柠檬百搭，善用柠檬皮的香气，这道小点变得风情万种。

不可轻易忽略的酸奶与美奶滋、蜂蜜、柠檬汁融合成多重层次，用在任何地方都是一绝。

食材 *Material*

1. 香蕉1根
2. 红苹果1/2个
3. 葡萄干1大匙
4. 柠檬1/2个
5. 白砂糖1茶匙

酸奶沙拉酱汁：
1. 原味酸奶1大匙
2. 美奶滋1大匙
3. 海盐1/4茶匙
4. 蜂蜜1/2茶匙
5. 柠檬汁2茶匙

❶ 苹果去皮后马上放入加柠檬汁及糖的冷开水中，防止氧化并有特别的风味。

❷ 香蕉要上桌前才切薄片，并立刻淋上酱汁。

❸ 柠檬皮细丝也可加在沙拉酱汁中。沙拉酱汁用不完可保存于冰箱中约3天。

在原味酸奶、美奶滋中加入海盐、柠檬汁、蜂蜜调匀成沙拉酱汁。

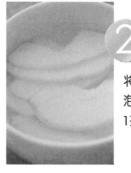

将苹果去皮、核，切薄片，泡入加了1/2 茶匙柠檬汁、1茶匙糖的冷开水中几分钟。

将苹果片捞起平铺于盘上。将香蕉切成约1.5 厘米厚的斜片，置于苹果片上。

撒上葡萄干。

淋上酸奶沙拉酱汁。

将柠檬皮刮成细丝，均匀撒在最上面即成。

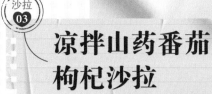

凉拌山药番茄枸杞沙拉

这小盘红白相映的美丽料理让人胃口大开。

山药与樱桃番茄，红枣与枸杞，十足的养生，十足的高纤维。

千岛酱的鲜，蜂蜜的透，正好引出食欲，妙哉！

食材 *Material*

1. 山药 1/4 根
2. 樱桃番茄 10 个
3. 枸杞 1 大匙
4. 红枣（无核）6 颗
5. 盐 1/2 茶匙
6. 蜂蜜 1 茶匙
7. 柠檬汁 1 茶匙

沙拉酱汁：
千岛酱 3 大匙

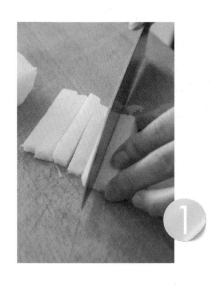

② 将番茄去蒂横切成两半。

① 将山药去皮切成约 3 厘米 ×1 厘米 ×1 厘米的长条状，放入加了 1 茶匙柠檬汁的冷开水中泡一下。

① 日本山药不会变黑，但切成条状后，仍必须放入加柠檬汁的冷开水中泡一下，若加入一点冰块或放入冰箱冰一下更脆。

② 千岛酱亦可置入小碟用来蘸，有的人甚至不蘸。

③ 蜂蜜是要淋上去的，即使只蘸了蜂蜜的山药及樱桃番茄，也是人间美味。

③ 将枸杞及红枣在冷水中泡5分钟，随即过热开水氽烫一下，取出沥干。

④ 在山药及番茄中拌入1/2茶匙盐，置盘中。

⑤ 撒上枸杞及红枣，淋上蜂蜜及千岛酱即成。

花生黑白木耳醋沙拉

黑、白木耳是零热量、高纤维的绝佳食品。这份简朴的配方，甜、咸、酸随个人喜好增减，粗犷中带着细致的口感。芝麻油融合花生米的香，蜂蜜软化乌醋的酸，风味十足，令人爱不释口。

食材 *Material*

1. 黑木耳12朵（若是大朵，可以取4朵，切成小块）
2. 白木耳 6 小朵
3. 花生米 2 大匙
4. 青葱 1 根

黑醋沙拉酱汁：
1. 乌醋 2 大匙
2. 巴沙米可黑醋 1 大匙
3. 酱油 1 茶匙
4. 白芝麻油 2 茶匙
5. 红糖 1 茶匙
6. 白糖 1 茶匙
7. 柠檬汁 1 茶匙
8. 海盐 1/4 茶匙
9. 蜂蜜 1 茶匙

① 将沙拉酱汁的所有材料放入大碗中打匀,即成黑醋沙拉酱汁。

贴心
小叮咛

❶ 黑、白木耳皆取其脆感,汆烫一下即可,不宜久煮。

❷ 乌醋较酸,巴沙米可黑醋较甜,两者风味不同,融合后有不同层次感。

❸ 蜂蜜、柠檬汁与白糖,其酸甜果香皆不同,是黑醋沙拉酱汁十分重要的材料,缺一不可。

② 将黑、白木耳浸泡于冷水中约 15 分钟后,放入滚水汆烫一下,取出沥干。

③ 将木耳切或撕成易入口的小块。青葱切成细末。将黑、白木耳装盘,撒上花生米、青葱末,最后淋上酱汁,再淋上一点芝麻油即成。

姜汁番茄沙拉

　　这是怀旧的老配方。在台湾南部，我们喜欢将黑柿番茄切成大块，蘸满姜汁酱油膏来吃，老祖宗的智慧是值得尊敬的。因番茄性较寒，加了性温热的姜末之后恰恰暖和了胃，把茄红素及所有养分都吸收得非常充分。

　　番茄品种有百种之多，每种都有不同风味，大小、形状各具特色。若能找到几种不同品种的番茄，你会欣赏它们不同的滋味。

　　姜酱汁与番茄真是绝配。甘草粉在中药店可买到，只用一点点，融入酱油膏及红糖，那份甜、咸真是难以言喻的滋味。姜末带出的香醇、辣及口感，也令人难忘。

食材 _Material_

三四种不同大小的番茄各
数个

姜酱汁:
1. 生姜 1 段
2. 甘草粉 1/2 大匙
3. 酱油膏 2 大匙
4. 酱油 1/2 大匙
5. 红糖 1 大匙
6. 白砂糖 1/2 大匙
7. 柠檬汁 1 茶匙

 贴心
小叮咛

❶ 红糖风味独具,无可取代,以台湾红糖粉或冲绳红糖制作均可。

❷ 生姜取中等熟度的较好,不要用嫩姜,也不要用老姜,嫩姜辣度不够,老姜纤维太粗。

❸ 酱汁为取其浓稠,酱油膏的分量要够。除柠檬汁外,亦可加入柠檬皮,或额外加点橘汁及橘皮,别具风味。

 将番茄以滚刀块切成大
小差不多的块状装盘。

 将生姜磨成细末。

将生姜末加上酱汁的所有其他材
料混合调匀，以小碟装好，置于
番茄盘中央，供吃番茄时蘸食。

沙拉
06

番茄薄荷
乡村沙拉

这份沙拉颜色极为美丽，口感以爽脆为主。薄荷叶的清凉使人心都快活起来，紫红的蔓越莓调和了蔬果的清味，使其变得更为丰富多元。

酸豆沙拉酱汁更值得一提，咸味的酸豆与微甜的美奶滋及酸奶混搭之后，变得柔顺可口。牛肉、鱼肉等肉类蘸上酸豆沙拉酱汁也令人赞赏。

食材 *Material*

1. 红色牛番茄 1 个
2. 小黄瓜 1 根
3. 萝蔓生菜叶 3 片
4. 黄甜椒 1/2 个
5. 蔓越莓 1 大匙
6. 杏仁 1 大匙
7. 薄荷叶 2 大匙

酸豆沙拉酱汁：

1. 酸豆 2 茶匙
2. 美奶滋 1 大匙
3. 原味酸奶 2 大匙

将酸豆切碎。

 加入美奶滋及原味酸奶
调匀成酸豆沙拉酱汁。

 将番茄及小黄瓜切
滚刀块。

 将黄甜椒切成小块。

贴心
小叮咛

❶ 切滚刀块可以让小黄瓜、番茄沾满酱汁。

❷ 萝蔓生菜一定要泡过冰水，才会更爽脆。

❸ 酸豆对消化很有帮助，可多用，亦可用在意大利面的酱汁上。

⑤ 将萝蔓生菜叶放入冰水冰镇约10分钟取出，撕成一口一口的大小。

⑥ 将以上除酱汁外的所有食材装入盘中，撒上蔓越莓、杏仁。

⑦ 将酱汁均匀淋上，最后撒上薄荷叶即成。

甜菜南瓜温沙拉

这份沙拉适合秋冬温热时吃。

简单的烤法，带出洋葱、南瓜、甜菜及马铃薯的鲜甜，滋味之美令你无法想象。

色彩缤纷也是吸引人胃口大开的原因，搭配有子的第戎芥末酱汁，恰到好处。红酒醋的酸、芥末酱的辣、蜂蜜的甜，融入菜蔬的天然美味，一口一口，令人无限温暖。

食材 *Material*

1. 中等甜菜根 1/2 个
2. 南瓜 1/8 个
3. 洋葱 1/4 个
4. 马铃薯 1/2 个
5. 培根 2 片
6. 黑橄榄 1 大匙
7. 南瓜子仁 1 大匙
8. 罗勒叶 8 片
9. 橄榄油 1 大匙

第戎芥末酱汁：

1. 有子第戎芥末 1 大匙
2. 初榨橄榄油 2 大匙
3. 盐 1 茶匙
4. 糖 1/4 茶匙
5. 红酒醋 1 大匙
6. 蜂蜜 1/2 茶匙
7. 麻油 1/4 茶匙
8. 酱油 1/4 茶匙

1 将橄榄油一边搅拌，一边逐一加入其他所有酱汁材料，每次加一种拌匀，再加另一种，最后拌入第戎芥末即成第戎芥末酱汁。

2 将甜菜根、南瓜、马铃薯分别切成0.5厘米厚的薄片，排放在烤盘中，撒上南瓜子仁。

3 将洋葱切成4块放入，加入1大匙橄榄油拌匀。

贴心
小叮咛

❶ 这个菜若以烤盘
直接上桌会有意想
不到的效果。保温
后有家的味道。

❷ 培根不必加油即
可煎至焦脆。把油
去掉，切成碎块，
最后才撒上，吃起
来又香又脆。

❸ 罗勒叶上菜以后
要吃时再撒上。

④ 烤箱 180℃ 预热 10 分钟，将
步骤 3 的食材放入烤箱烤 15
分钟至熟为止。

⑤ 将培根煎熟。

⑥ 将培根切成碎块，黑
橄榄切成圆片。将烤
好的蔬菜取出，撒上
培根、黑橄榄，淋上
酱汁，最后将罗勒叶
装饰在上面即成。

蜂蜜凤梨薰衣珊瑚草冻

珊瑚草富含胶质及钙质，对膝盖很有帮助，也有美化皮肤的作用，可以代替寒天作为果冻食材。

加入薰衣草的珊瑚草冻，风味独特，真是迷人。珊瑚草无味，配上酸酸甜甜的凤梨及蜂蜜，散发微微的薰衣草香，这份脱俗之感，只有身历其境者才能有所体会。

别仰赖别人喔！这么简单，自己做吧！

食材 *Material*

1. 珊瑚草 150 克
2. 薰衣草（新鲜或干燥）1 大匙
3. 白砂糖 1½ 大匙
4. 凤梨 1/6 个
5. 蜂蜜 2 茶匙
6. 柠檬 1/2 个

❶ 珊瑚草胶质结冻后比寒天更硬，喜欢软一点可多加一杯水来煮，自己多试就会拿得准。

❷ 珊瑚草一定要先泡去盐分，煮时以木匙不断搅拌至完全融合。

❸ 除薰衣草，亦可以用干玫瑰花瓣、薄荷叶替代或一次分别做不同风味。

2 将珊瑚草剪成小段，加入 6 杯水，以小火煮至珊瑚草融合于水中，并加入白砂糖溶化于汤汁中。

1 将珊瑚草冲去盐分，泡入冷水中约 15 分钟。

3 稍凉放入模型盒中。

4 将薰衣草的叶子一一置入盒中，待凉透后放入冰箱上层冷藏，即成薰衣珊瑚草冻。

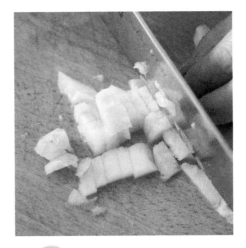

6 将凤梨去芯，切成边长约1厘米的小方块。

5 将薰衣珊瑚草冻切成边长约1.5厘米的小方块。

7 将柠檬榨成汁，取1大匙加2茶匙蜂蜜调匀。

8 将步骤5和步骤6的材料混合装入玻璃碗中，淋上步骤7的酱汁，上撒柠檬皮细丝即成。

香草萝蔓生菜沙拉

　　我自己爱种香草，每天总要吃上四五种。这份综合各种香草的沙拉，是长寿、健康、美丽的良方，当然，你得长期食用才会得知其奥秘。

　　唯一得注意的是，各具风味的香草在这道菜中，得用新鲜的。所幸如果自己没种，现在也可在超市中买到好多种，每次三四种也就可以了，其他再用干燥香草替代。鲜奶沙拉酱汁与香草很搭，有牧场放牧的风味，好好享受吧！

食材 *Material*

1. 萝蔓生菜叶 3 片
2. 罗勒、鼠尾草、水果鼠尾草、绿紫苏、红紫苏、俄勒冈酢浆草、薄荷、欧芹等各种香草，每种约 3 大匙
3. 小黄瓜 1 根
4. 包心生菜叶 3 片
5. 小红番茄 5 个
6. 杏仁片 1 大匙

鲜奶沙拉酱汁：

1. 沙拉酱 3 大匙
2. 鲜奶 2 茶匙
3. 白醋 1 茶匙

贴心小叮咛

❶ 香草稍冲一下水即可，不用浸泡。若紫苏叶太大可切成丝。

❷ 萝蔓生菜及包心生菜要整个叶片置入冰水中，使其清脆，要用时才撕成适口尺寸。

❸ 喜欢奶味重的，沙拉酱中的鲜奶可多加 2 茶匙，但沙拉酱也要多 1/2 大匙。

1 将鲜奶沙拉酱汁的所有材料放入小碗中，充分搅拌均匀即成。

2 将萝蔓生菜叶及包心生菜叶洗净，放入冰水中约 15 分钟。

3 将小黄瓜切成约 0.3 厘米厚的斜薄片。

4 将小番茄去蒂切成 4 瓣。

5 将萝蔓生菜叶及包心生菜用手撕成适口尺寸装入盘中。依序放上小黄瓜及各种香草，然后用小番茄装饰。淋上鲜奶沙拉酱汁、撒上杏仁片即成。

沙拉 10

水波蛋蔬菜沙拉

　　嫩嫩的水波蛋，一弹即破，像极了小婴儿鼓鼓的脸蛋。当叉子划下之际，澄澄的蛋黄汁缓缓流出，美丽的画面突然止息了。

　　煮蛋的功夫也是要磨炼的，成就感就在那一瞬之间。绿色的芥末沙拉酱汁与白嫩的水波蛋相映成趣，这是平凡中的不平凡。

食材 *Material*

1. 鸡蛋 1 个
2. 青椒 1/4 个
3. 红椒 1/4 个
4. 包心生菜叶 3 片
5. 小豆苗 1 大匙
6. 葡萄干 1/2 大匙
7. 玉米片 1 大匙
8. 白醋 1 大匙

芥末沙拉酱汁：

1. 芥末 1/2 茶匙
2. 橄榄油 2 大匙
3. 白酒醋 1 大匙
4. 盐 1/4 茶匙
5. 白胡椒粉 1/4 茶匙

1 将橄榄油加入芥末拌匀，再将其他酱汁材料全部加入打匀，即成芥末沙拉酱汁。

2 在锅中加入 5 杯水煮开，加入白醋 1 大匙，改小火，并以汤勺搅动呈旋涡状。

打入鸡蛋煮约 3 分钟，即捞出浸入冷开水，再捞起沥去水分备用。

将青椒、红椒切成小三角块。

将包心生菜叶撕成适口尺寸的小块。

将步骤 4、5 的食材加上小豆苗铺盘，上撒玉米片、葡萄干，放上水波蛋，最后淋上酱汁即成。

❶ 煮水波蛋最好一次煮一个，慢慢来。

❷ 水煮开后再加入白醋，然后转小火，一面搅动水几圈，再下蛋。

❸ 看蛋白凝固后等 30 秒再捞出，立即置冷水中，除去醋味后再捞起来。

沙拉 11

花生香菜沙拉

这是纯中国味的沙拉，大白菜、香菜及花生米三大主角分量均等。

简单的小菜，却是色、香、味俱全，旅居海外的中国人，有了这道小吃，乡愁瞬间消失得无踪影。

酱汁的风味，将乌醋、白醋与黑麻油融出平衡的香气，加上蜂蜜的甜味，真是天作之合。

食材 *Material*

1. 花生米 3 大匙
2. 香菜 3 大匙
3. 大白菜叶 3 片
4. 盐 2 茶匙

酱汁：

1. 黑麻油 1 大匙
2. 乌醋 1/2 大匙
3. 白醋 1 大匙
4. 柠檬汁 1/2 大匙
5. 盐 1/2 茶匙
6. 白砂糖 1 茶匙
7. 蜂蜜 1 茶匙

① 将除蜂蜜外的所有酱汁材料置大碗中调匀，待盐、糖充分溶化，再加入蜂蜜即成。

② 将大白菜叶洗净切细丝，加入 2 茶匙盐调匀，腌 15 分钟。

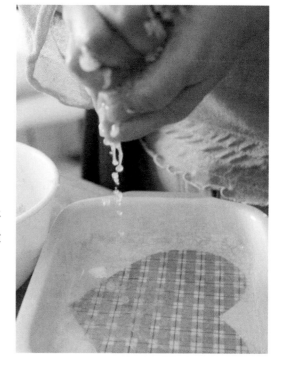

③ 将大白菜丝用手压挤干盐分，放入冰水中去盐分，再冰镇约 10 分钟，沥干挤去水分。

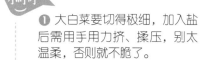

❶ 大白菜要切得极细，加入盐后需用手用力挤、揉压，别太温柔，否则就不脆了。

❷ 用力将腌过的大白菜挤去尽可能多的水分。

❸ 花生米要等上桌时再放上去，免得变软。

 将香菜洗净切小段，不要太细。

⑤

将大白菜与香菜混合，淋上酱汁拌匀，撒上花生米即成。

沙拉
12

海鲜沙拉

这份豪华版的海鲜沙拉可以供几个人食用。

海鲜沙拉的海鲜要多样化，虾鲜嫩、墨鱼弹脆是重点。除了黑橄榄之外，此次加了金橘片，橘香提升了整道沙拉的个性，令人欣喜。

黄芥末酱与海鲜沙拉很搭，蜂蜜及柠檬皮丝唤出芥末的高贵感，即使只蘸海鲜，也是很好的伙伴。

食材 *Material*

1. 大明虾 1 尾
2. 中等白虾三四尾
3. 墨鱼 1 尾
4. 萝蔓生菜叶 2 片
5. 包心生菜叶 2 片
6. 萝卜苗 1 大匙
7. 苜蓿苗 1 大匙
8. 黑橄榄 6 粒
9. 柠檬 1/2 个
10. 小金橘 2 个

蜂蜜芥末沙拉酱汁：

1. 白醋、柠檬汁各 1 大匙
2. 黄芥末酱 1 大匙
3. 白砂糖 1 茶匙
4. 蜂蜜 2 茶匙
5. 盐 1/4 茶匙
6. 柠檬皮 1 茶匙

1 将柠檬刮去绿皮，其余榨成柠檬汁备用。

2 将白醋、柠檬汁与黄芥末酱调匀，加入盐、白砂糖及蜂蜜调匀。

3 撒上柠檬皮即成酱汁。

4 将墨鱼切花，再斜切成约4厘米×2厘米的长条。

5 用盐抓一下，冰约10分钟，冲去盐分。

6 将大明虾、白虾、墨鱼放入滚水烫熟捞出。

7 将萝蔓生菜叶与包心生菜叶洗净放入冰水泡一下，撕成适口尺寸的块状。

8 将黑橄榄及小金橘横切成圆环状。

贴心小叮咛

❶ 虾入滚水烫一下变色即捞出，以免肉变老。用烫的比蒸的好，较易控制嫩度。

❷ 墨鱼不论烫或炒，脆的秘诀是加入1大匙盐，用手用力揉捏，多捏几次再冲去盐分。

❸ 芥末沙拉酱汁若喜欢甜一点可多加1茶匙蜂蜜。此外，加入1茶匙金橘末，风味也不错。

将萝蔓生菜叶、包心生菜叶、萝卜苗、苜蓿苗装盘，上加墨鱼片、白虾、大明虾等，撒上黑橄榄、小金橘，最后淋上酱汁即成。

9

CHAPTER 4
饮品

　　我设计的这 12 道饮品，无论单独饮用，还是搭配一份下午茶点心，都是上选。新鲜的草莓香槟，让你精、气、神都提升了；健康的西芹绿茶酸奶，美艳的甜菜柠檬苹果汁，恋爱的滋味油然而生。

甜菜柠檬苹果汁

红色的甜菜根在西菜中有很重要的地位。它可以腌，可以当沙拉，可以烤，可以煮，可以做甜品，除了颜色美丽之外，它富含各种维生素及膳食纤维，是顺畅肠道的妙品。

甜菜根汁的青涩味经过苹果、柠檬及黑醋的调理，变得顺口好喝。此果菜汁一定要连皮打，甜菜根、苹果和柠檬的皮，都是最富营养的。

食材 *Material*

1. 甜菜根 1/6 个
2. 柠檬 1/4 个
3. 苹果 1/4 个
4. 黑醋 1 茶匙
5. 矿泉水 2 杯

贴心
小叮咛

❶ 苹果外皮的
蜡如果较多，可
以多刮两次。
❷ 喜欢甜味的
可加 2 茶匙蜂
蜜，可天天喝，
有助肠道清洁。

① 将甜菜根洗净不
削皮，柠檬洗净不削
皮，分别切片。

② 苹果刮去蜡不削皮，
切片。

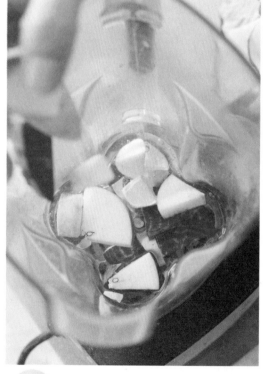

③ 在以上三种材料中加入 2 杯矿泉
水，用果汁机高速打成汁。

④ 加入黑醋搅匀盛杯，旁
饰以柠檬片即成。

蜂蜜黑白豆浆

黑豆、黄豆每次可以多煮一些，放在冰箱冷冻室中，随时取出，加入蜂蜜，用果汁机打一下就是美味营养的蜂蜜豆浆了。

食材 *Material*

1. 黑豆 2 大匙
2. 黄豆 2 大匙
3. 腰果 5 颗
4. 杏仁 5 颗
5. 海盐 1/4 茶匙
6. 蜂蜜 2 茶匙

① 将黑豆、黄豆煮熟。

② 将黑豆、黄豆及所有其他材料全部加入果汁机打成浆即成。装杯，上加一颗杏仁装饰。

贴心小叮咛

❶ 只用一种豆也可以，一样美味可口。

❷ 海盐一定要加一点，若没蜂蜜，建议以红糖代替。

莓果樱桃汁

各种莓果都富含不同的营养素。进口的冷冻品，直接用来做果汁，风味更佳。

莓果除了做甜点，这杯美艳的饮品是女士的最爱，加了蔓越莓果干及果醋，你会笑眯了眼。

食材 *Material*

1. 冷冻黑醋栗 1 大匙
2. 樱桃 1 大匙
3. 蔓越莓果干 1/2 大匙
4. 蔓越莓果醋 2 大匙
5. 海盐 1/4 茶匙
6. 水适量

贴心
小叮咛

❶ 该饮品主要尝其酸味，
只要加一点点盐即可。别
再加糖或其他甜味材料，
因果醋已含甜味。

❷ 打出来的果汁用漂亮的
水晶杯装，马上喝掉。

① 将黑醋栗、樱桃及蔓越
莓果干放入果汁机。

再加入蔓越莓果醋、
海盐及水。

将材料打成汁，用水
晶杯装上。

最受欢迎的午后咸甜点 72 款

龙井菊花香蜂茶

正宗西湖龙井清香脱俗，我加了黄菊花，带出另一种风情。家中阳台的香蜂草丢下几片，有着薄荷的清新。

这款绿黄相间的茶，其中加上煮的香蜂草，是标准的减肥茶材料，下午茶时喝或餐后喝皆可解腻。

食材 *Material*

1. 龙井茶叶 1 大匙
2. 黄菊花 1 大匙
3. 香蜂草 1 大匙
4. 蜂蜜 1 茶匙

 将所有材料放入茶壶。

 将茶汁倒在杯中，饰以香蜂草叶即成。可调入蜂蜜增加甜味。

 以约90℃的热开水冲泡2分钟。

贴心小叮咛

❶ 泡茶的开水温度不用太高，约90℃即可，开水煮开后放一下再泡。

❷ 若要减肥可不加蜂蜜，一样美味。

鲜奶芭乐
鳄梨汁

鳄梨绵密滑顺，与鲜奶混合，浑然天成；加上芭乐的果香，带点绿色的舒适，有着细致的丝滑感。

芭乐连子吃，尽享全食物的营养，但要打得够细，以免坏了口感。

食材 *Material*

1. 鳄梨 1/4 个
2. 芭乐 1/6 个
3. 核桃 3 粒
4. 蜂蜜 1/2 茶匙
5. 鲜奶 1/2 杯
6. 海盐 1/4 茶匙
7. 水 1/2 杯

② 将芭乐切成小块。

① 将鳄梨切半去子，挖出肉备用。

在步骤1和2的材料中加入核桃、鲜奶、1/2杯水、海盐，全部放入果汁机打成汁。

❶ 鳄梨切开后，若没用完，得把中间的子留着，贴着剩下的鳄梨，用保鲜膜包起来冷藏，果肉就不会变黑了。

❷ 喜欢奶香重的可以用鲜奶代替半杯水，更为浓郁。海盐一定得加，味道才会很棒。

4 装杯，上淋蜂蜜即成。

草莓香槟

这是无酒精的自制香槟，气泡缓缓上升，犹如精、气、神的振奋，喝下真是令人神清气爽。

色彩也是挺美的，草莓无论如何使用都是娇艳欲滴，要讨好女人，这杯代表爱情的粉色香槟配上艳唇般的草莓，绝对是个中首选。

食材 *Material*

1. 草莓 6 颗
2. 气泡矿泉水 1 小瓶
3. 柠檬汁 1/2 茶匙

贴心
小叮咛

❶ 磨草莓汁时任何小滤网均可（千万别用果汁机，否则沾在机上的汁液就浪费了），要连泥一起用喔！

❷ 倒气泡矿泉水时，香槟杯要稍斜约 45°，且只倒八成满，气泡上升刚好到杯口顶最佳。

1 将草莓用滤网直接
磨成汁、泥。

2 将草莓汁、泥直接
装入香槟杯中。

3 将气泡矿泉水徐徐加入杯
中。

4 滴上柠檬汁，杯旁饰以草
莓即成。

山药芝麻饮

　　芝麻与山药黑白配，山药无特殊味道，正好加入黑芝麻的香气。可是，你绝对意想不到居然
玫瑰花偷溜了进来，看似无厘头，然而，这位不速之客带来的惊喜，绝对令人难忘。

　　除了淡粉的色彩，那份微微的少女香气，真是迷人。

　　最后在杯口的几瓣玫瑰，道出了脱颖而出的坚持。

食材 *Material*

1. 山药约 6 厘米长圆段
2. 黑芝麻 1 大匙
3. 海盐 1/4 茶匙
4. 玫瑰蜂蜜 1/2 大匙
5. 干燥玫瑰花 3 朵
6. 核桃 5 粒
7. 水 2 杯

贴心小叮咛

❶ 山药最好要用时才削皮切块，如果稍后才用，可先放入加了一点盐的冷水中。

❷ 核桃，也可用腰果、杏仁代替，加入多种坚果也行，但最多五六粒，免得喧宾夺主。

1 将山药去皮，切成小块。

将山药及黑芝麻、核桃、2朵玫瑰花加入2杯水中。

放入果汁机打成汁。装杯后加入海盐、蜂蜜调匀。在第3朵玫瑰花上取几片花瓣，装饰在上面即成。

水梨香蕉汁

水梨连皮及子，可以吃到全食物的营养，唯有打成汁时才能自然地享用。

香蕉、水梨的搭配，恰如管弦乐，十分契合，两者的清与浓，正好互补，加上一点点柠檬汁，中和了甜味，更出色了。

只带一点点海盐，什么都是多余了，它们会悄悄地说话。

食材 *Material*

1. 水梨 1/2 个
2. 香蕉 1/2 根
3. 柠檬汁 2 茶匙
4. 海盐 1/4 茶匙
5. 矿泉水 2 杯
6. 鼠尾草叶少许

贴心小叮咛

❶ 海盐及柠檬汁打好后立刻加进去，除了味道绝佳之外，也防止氧化。

❷ 果汁要喝时才打，而且最好一口气喝掉。

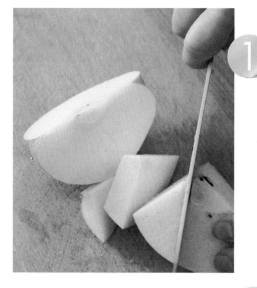

1 水梨不去皮、子，切片。

将香蕉切成几段。 **2**

3 将水梨、香蕉和 2 杯矿泉水放入果汁机打成汁。

4 盛杯，加入海盐、柠檬汁调匀，上饰鼠尾草叶即成。

芦笋薄荷蜂蜜汁

芦笋、薄荷都是去火清凉的食材，二者合作更添清爽。

这绝对是午后消暑美颜的良方，淡淡的芦笋，加上凉凉的薄荷，蜂蜜佐以清甜，神来之笔也！

食材 *Material*

1. 绿芦笋 10 根
2. 超凉薄荷叶 2 大匙
3. 蜂蜜 1 大匙
4. 海盐 1/4 茶匙
5. 凤梨 2 片
6. 矿泉水 2 杯

1 将芦笋洗净去老皮。

2 切凤梨 2 片。

将芦笋、凤梨及薄荷叶加入 2 杯矿泉水中，放入果汁机打匀。

装杯，加入海盐及蜂蜜调匀，上饰薄荷叶即成。

❶ 凤梨可加可不加，但加了后，风味更加多元。

❷ 薄荷叶一定要采新鲜的，最好是超凉薄荷，更是沁人心脾。

紫葡萄黑醋栗汁

黑醋栗的酸，与紫葡萄的甜，搭配得恰如其分，两位美丽的"女主角"各自发挥了她们的优势，又互相谦让。

蔓越莓果醋是百搭的良伴，它与柠檬汁带出紫色浪漫的双姝。

食材 *Material*

1. 紫葡萄 12 颗
2. 冷冻黑醋栗 1 大匙
3. 柠檬汁 2 茶匙
4. 蔓越莓果醋 1 大匙
5. 亚麻仁子粉 2 茶匙
6. 海盐 1/4 茶匙

贴心
小叮咛

❶ 紫葡萄颜色越深的越好，皮及子都要用。

❷ 冷冻黑醋栗也可以用覆盆子或樱桃等替代，但最好选酸味重的，较够味。

① 将紫葡萄洗净连皮备用。

② 加入黑醋栗及亚麻仁子粉，用果汁机打成汁。

③ 盛杯，加入海盐、柠檬汁、蔓越莓果醋，调匀即成。

梅汁番茄饮

　　不同品种的大、小番茄各有不同风味。梅子与李子又是相应相伴的好友，两者配合，形成酸酸甜甜的恋爱滋味。

　　这款番茄饮的多元丰富，会让你爱上它后舍不得分离，当然茄红素的健康饮永不嫌多，日日相随又何妨。

食材 *Material*

1. 大番茄 1 个
2. 小番茄 5 个
3. 紫苏梅浆 1 大匙
4. 蜜李 8 颗
5. 海盐 1/4 茶匙
6. 柠檬汁 2 茶匙
7. 矿泉水 2 杯
8. 薄荷叶少许

贴心小叮咛

❶ 番茄最好选两三种，以便榨出不同风味。

❷ 平常不多吃的蜜饯，无论是紫苏梅、脆梅、橄榄或咸甜李子皆可用，会带出不同的味道。

 将大番茄切成小块。

将5颗蜜李去核剥肉，留3颗备用。

将所有番茄及梅浆放入果汁机，加入2杯矿泉水打成汁。装杯，加入海盐及柠檬汁调匀，将另外3颗蜜李放入杯中，上饰薄荷叶即成。

西芹绿茶酸奶

西芹、绿茶粉都是降血压的良材，加上鲜奶，味道更为柔顺。酸奶令其兼具酸甜的口味，连小朋友都会喜欢。

这老少咸宜的营养佳饮，每日喝上一杯，绿茶素、亚麻酸兼具了呢。

食材 *Material*

1. 西芹 3 根
2. 原味酸奶 2 大匙
3. 鲜奶 2 大匙
4. 绿茶粉 1 茶匙
5. 亚麻仁子粉 1 茶匙
6. 海盐 1/4 茶匙
7. 蜂蜜 1 茶匙

 将西芹切成小段。

将西芹及其他所有食材全部加入果汁机中打成汁即成。

 贴心小叮咛

❶ 西芹的味道有些人不喜欢，尤其是小朋友，此时可多加一点酸奶及蜂蜜。

❷ 绿茶粉 1 茶匙即可，别贪多，否则饮品变涩就不好喝了。

图书在版编目(CIP)数据

每天都想吃的午后咸甜点72款 /洪绣峦著. —郑州：河南科学技术出版社，2014.11

ISBN 978-7-5349-7085-6

Ⅰ.①每… Ⅱ.①洪… Ⅲ.①糕点—制作 Ⅳ.①TS213.2

中国版本图书馆CIP数据核字(2014)第181633号

出版发行：河南科学技术出版社
　　　　　地址：郑州市经五路66号　邮编：450002
　　　　　电话：（0371）65737028　65788613
　　　　　网址：www.hnstp.cn
策划编辑：刘　欣
责任编辑：葛鹏程
责任校对：徐小刚
封面设计：张　伟
责任印制：张艳芳
印　　刷：北京盛通印刷股份有限公司
经　　销：全国新华书店
幅面尺寸：190 mm×255 mm　　印张：16.5　　字数：200千字
版　　次：2014年11月第1版　　2014年11月第1次印刷
定　　价：49.00元